羽衣甘蓝生理特性及叶色形成机理研究

王玉书　范震宇　著

黑龙江大学出版社
HEILONGJIANG UNIVERSITY PRESS
哈尔滨

图书在版编目（CIP）数据

羽衣甘蓝生理特性及叶色形成机理研究 / 王玉书，
范震宇著． -- 哈尔滨：黑龙江大学出版社，2021.3
　　ISBN 978-7-5686-0514-4

　　Ⅰ．①羽… Ⅱ．①王… ②范… Ⅲ．①不结球甘蓝－
研究 Ⅳ．① S635.9

中国版本图书馆 CIP 数据核字（2020）第 197318 号

羽衣甘蓝生理特性及叶色形成机理研究
YUYI GANLAN SHENGLI TEXING JI YESE XINGCHENG JILI YANJIU
王玉书　范震宇　著

责任编辑　高　媛
出版发行　黑龙江大学出版社
地　　址　哈尔滨市南岗区学府三道街 36 号
印　　刷　哈尔滨市石桥印务有限公司
开　　本　720 毫米×1000 毫米　1/16
印　　张　13.75
字　　数　211 千
版　　次　2021 年 3 月第 1 版
印　　次　2021 年 3 月第 1 次印刷
书　　号　ISBN 978-7-5686-0514-4
定　　价　42.00 元

本书如有印装错误请与本社联系更换。

前　言

　　羽衣甘蓝（*Brassica oleracea* L. var. *acephala*，染色体组 CC，染色体数 $2n=2x=18$）是十字花科芸薹属甘蓝种的一个变种，两年生草本植物，原产于地中海至小亚细亚一带，是一种最接近甘蓝野生种的蔬菜或观叶植物。本书以几个优良品种及小孢子 DH 系为材料，研究了盐胁迫、高温胁迫、水分亏缺等逆境对羽衣甘蓝生长发育的影响，优化了羽衣甘蓝叶片中花青素的提取方法，并利用 HPLC – MS 分析了花青素苷的成分，阐释了羽衣甘蓝离体组织及游离小孢子培养过程中的若干关键问题；另外，通过转录组分析手段筛选不同叶色羽衣甘蓝中的差异基因，并对相关基因进行了克隆及功能分析，为全面系统地开展羽衣甘蓝逆境生理及转基因育种提供新的研究思路和理论基础。

　　本书共分为三章：

　　第 1 章　羽衣甘蓝抗逆生理研究

　　第 2 章　羽衣甘蓝组织培养及游离小孢子培养

　　第 3 章　羽衣甘蓝转录组分析及叶色相关基因克隆

　　其中，第 1 章由齐齐哈尔大学范震宇撰写，第 2、3 章由齐齐哈尔大学王玉书撰写。范震宇共撰写 10 万字，王玉书共撰写 11.1 万字。本书的研究得到国家自然科学基金资助项目（31401908）、黑龙江省自然科学基金资助项目（C2016056）、黑龙江省普通高等学校青年创新人才培养计划项目

（UNPYSCT－2017155）、黑龙江省省属高等学校基本科研业务费科研项目（135509221）的支持。

由于作者水平有限,经验不足,书中不足之处在所难免,恳请读者提出宝贵的意见和建议,以便进一步改进和提高。

王玉书　范震宇

2019 年 7 月

目　　录

第 1 章

羽衣甘蓝抗逆生理研究

1.1　概述

1.1.1　羽衣甘蓝的生物学特性

羽衣甘蓝是十字花科芸薹属甘蓝种的一个变种,是一种以观叶为主、食用为辅的二年生草本类植物,观赏期大约 4 个月。其株型一般较为整齐、饱满,其叶片有较高的观赏价值,心叶色彩艳丽,宛如一朵盛开的牡丹花。羽衣甘蓝比较适应冷凉、温和的气候,较能忍耐寒冷气候,可忍受多次短暂的霜冻。在百花凋零的冬季和早春时节,羽衣甘蓝是布置露地花坛、花台及盆栽陈设时不可多得的优秀用材(饶璐璐,1997)。因为羽衣甘蓝生长能力较强,所以种植起来相对比较简单。羽衣甘蓝喜欢阳光充足的地方,可以在盐碱土壤中很好地种植,在肥沃的土壤中长势最好。羽衣甘蓝原产于地中海地区,从相关史书记载可知,早在公元前 200 年,古希腊、古罗马等地就开始大面积地栽培羽衣甘蓝。从 1800 年开始,人们将羽衣甘蓝从俄罗斯引入加拿大和美国等欧美国家,并开始广泛种植。因为其对环境有一定的要求,寒带与热带的气候并不适宜培养羽衣甘蓝,所以羽衣甘蓝在全球栽培的地区主要集中在气候冷凉、四季分明的温带地区,往往温带地区的这些国家也会拥有较多的栽培品种。在我国,羽衣甘蓝的栽培地区主要分布在南方城市,近些年来我国北方部分地区也渐渐引进羽衣甘蓝进行栽培,从 2000 年开始普遍栽培羽衣甘蓝。与其他温带地区国家相比,我国的种植品种相对较少,但目前来看,羽衣甘蓝在上海、贵州等地均十分常见,已经成为我国一种常见的园林绿化植物(李惠芬和钱芝龙,2005)。

1.1.1.1　羽衣甘蓝的品种分类

以羽衣甘蓝的叶片特征作为分类标准,一般将其分为以下几类:第一类是圆叶系列,该系列的主要特点是叶片整体呈圆润状态,此系列中的品种均十分抗寒,在寒冷的冬天也能够正常生长发育,常被用作冬季时观赏景观的装饰植物;第二类是皱叶系列,也就是叶片边缘呈现大小不一的褶皱,与圆叶系列有显著区别;第三类是羽衣系列,其叶片全部具有锯齿,整体呈片状羽毛形态,不同品种叶片边缘的锯齿又分为细碎锯齿和粗锯齿两种,且叶片较为坚硬,不易弯曲,其抗寒性在三个系列中属于最强,因此在环境比较恶劣的条件下栽培也能很好地生长,多用于秋季道路景观设计。

除了以叶片特征分类外,羽衣甘蓝还可按照功能进行分类,分观赏品种与食用栽培种。观赏品种,即以观花为主,主要是从欧洲引进,经过多年改良选育后,其形似牡丹花,被赋予花开富贵、吉祥如意之寓意,主要是在花坛中搭配设计(隆金凤和龚攀,2008)。又因为观赏类羽衣甘蓝有着不同叶型的品种,并且大多色彩艳丽,植株高度也大不相同,可将不同品种外形差异显著的羽衣甘蓝与其他不同观赏植物进行组合,为色彩单调的冬季添加一抹独特的景致(王小文等,2008)。目前,食用栽培种主要有"东方绿嫩""阿培达""科伦内"三种,适宜在冷凉的春、秋季节进行露地种植,在气温低的冬季应该在温室或阳畦进行栽培。从播种开始到第一次收获大约需要一个半月,春季播种时若想得到高产量的羽衣甘蓝,可从播种起就进行严格的种植田间管理。

1.1.1.2 羽衣甘蓝的价值

羽衣甘蓝兼具观赏与食用两种价值。观赏类羽衣甘蓝,在中国北方等四季较为明显的地域被当作冬季花坛的重要材料。北方地区的冬季较长,十分寒冷,不适于大多数观赏性植物生长,因此羽衣甘蓝常用作北方地区冬季的城市美化植物。羽衣甘蓝的花期较长,品种多样,色彩艳丽,常用作人流量大的公园、街头等处的花坛装饰植物,往往与其他观赏性植物搭配构成不同的装饰图案,家居生活中也可选择小型盆栽羽衣甘蓝进行观赏。在欧洲、美洲及日本等地,部分观赏类羽衣甘蓝品种也常被当作鲜切花,具有很高的观赏价值,并且能为当地带来一定的经济收入。食用类羽衣甘蓝富含多种矿物质,其中维生素 C 的含量极高,在羽衣甘蓝的新鲜叶片中维生素 C

的含量高达 1.5～2.0 mg/g。如今,养生成为越来越多人追求的目标,羽衣甘蓝中微量元素含量非常高,同时钙、铁、钾等营养元素的含量也很高。经研究证实,日常食用甘蓝类蔬菜可以降低白内障、肺部疾病、心血管疾病、糖尿病的发生概率。世界癌症研究基金会的报告及美国癌症研究所指出,富含水果和蔬菜的饮食可能至少降低 20% 患肿瘤的风险,特别是富含甘蓝类蔬菜的饮食,如羽衣甘蓝,可显著降低患肿瘤的风险。

1.1.1.3　羽衣甘蓝的育种研究进展

羽衣甘蓝栽培历史悠久,早在公元前 200 年就在古希腊广为栽培,如今在欧美国家种植较多。我国引种栽培历史不长,尤其是观赏兼食用的羽衣甘蓝近几十年才有少量种植,随着观光农业经济的发展和对城市绿化、美化的需求,羽衣甘蓝的引种栽培逐渐吸引大众的眼球,但其育种研究尚处于起步阶段(赵秀枢等,2009)。1972 年,泷井应用当时最先进的十字花科育种技术中的自交不亲和(杂交育种)F_1 育种技术,培育出世界最早的皱叶系列 F_1 红鹭鸶、白鹭鸶和圆叶系列 F_1 红鹰、白鹰 4 个品种(吴国平等,2002)。后又培育出多个系列的品种,现在最受欢迎的是品质较高的鸥系列和鸽系列。顾卫红等(2004)通过多元杂交和人工自交技术,连续多代定向系统分离和筛选、选育,获得了 9 个园艺性状优良、各具特色的观赏型羽衣甘蓝特异新品系,通过对不同单系间的组合测配和筛选、鉴定、选育,推出了 2 个抗逆性较强、显色较早且观赏性优于日本名古屋系列的羽衣甘蓝新品种,即红妃和白妃。李惠芬和钱芝龙(2006)利用引进的国外羽衣甘蓝杂种一代品种培育了 40 余份新种质,选育出耐冻性增强 3～7 ℃、晚抽薹 15～45 d、观赏性优良的"冬春 1-19 号"系列羽衣甘蓝杂种一代新品种。

1.1.1.4　羽衣甘蓝的栽培繁殖方法

羽衣甘蓝的繁殖方法有很多,其中播种繁殖是最常用的。在播种过程中,最关键的是要掌握好播种的时期。播种通常是在 8 月份左右,一段时间之后开始定植,如果要制作切花,就要等到 11 月甚至 12 月。如果提前栽种,生长一段时间后,叶片就会发生黄化现象,管理难度大且需要很长时间,会对栽培管理造成很大的影响。但是播种期如果推迟,由于温度降低,叶片的大小就会受到影响,进而植株的生长进程也会受到影响。羽衣甘蓝露地栽培,可以采用做畦与穴盘两种方式。但是要特别考虑苗床的高度问题,需要做成高床,比地面高15 cm左右即可,这样可以方便排水。首先架起大棚架子,准备好塑料薄膜,防止下雨时雨水影响幼苗生长甚至造成幼苗死亡,减少经济损失。栽培时用草炭土和珍珠岩作为基质,将基质浇透,播种,薄覆土,不需立即浇水。在种植过程中,要选在阳光充足,有利于排水,土壤疏松、肥沃的地方。移植没有固定的时间,一般在幼苗长至4片真叶时进行,需要进行多次移植才可以定植,定植的时间一般在秋天结束时。虽然羽衣甘蓝的根系没有那么粗壮,但是仍然可以以裸根的形式进行移植。移植时要去除相对较老的叶片,留下较嫩的叶片,不仅能够使整个植株呈现丰富的颜色,还能降低水分的散失,即使根系受到了伤害也可以保证植株内有充足的水分,代谢过程也可以正常进行,这样植物可以快速恢复生机。羽衣甘蓝在光照充足时长势良好,否则会较纤细。羽衣甘蓝能够很好地利用土壤中的营养,一开始对氮元素的需求量很大,需要在生长发育阶段尽量多次追施肥料,提供充足的养分。在准备定植时,要有充足的基肥,追肥要在移植后的五天内进行。到了温度降低的秋季,幼苗迅速生长,对养分的需求量也明显提高,这时需要给幼苗提供更多的水分和肥料等。若是施肥不充足,老叶就开始枯黄,然后落下。但是施肥也要适量,尤其要注意氮肥的施用,一旦幼苗变了颜色就要停止施肥。移植一次后,把幼苗放在温度较低的环境中(但不能过低)能够抑制其因为过早成熟而发生的抽薹现象。如果不需要种子,就立刻去除抽出的薹,以避免过多的养分流失,可以达到延长观叶期的目的。在气温低于15 ℃时中心叶片开始变色,外界环境因素变化时,变色的速度和程度也会随之改变,比如温度过高的时候,在幼苗生长阶段经常会有病虫害发生,尤其是蚜虫,因此要注意病虫害的防治。

1.1.2　盐胁迫对植物的影响

目前全世界盐碱土地面积大约9.5万亿平方米,我国盐碱土地面积约为

0.37 万亿平方米,占世界盐碱地的 1/26 左右,面积相当于我国现有耕地面积的 1/4。土壤含盐量升高直接影响农作物的产量和生态环境。随着现代工业的迅速发展和我国人口数量的不断增加,农耕面积越来越少,因此如何提高农作物的产量以及抵抗各种不良环境对农作物造成的减产影响已经成为未来农业可持续发展及环境治理所面临的首要问题。盐胁迫是长期使用含有某些难溶性盐类的水灌溉土地,或是过度使用化肥所造成的,不合理的施肥、特殊的水分运行方式、不合理的种植方式都是造成农耕土壤次生盐渍化的重要原因。盐胁迫越来越成为影响农作物生长、分布和产量的重要的非生物因素(张春平,2012)。在如今的农业生产过程中,在盐胁迫作用下,植物的生长会受到抑制,植物的光合作用会受到阻碍,产生过量活性氧,其细胞内会受到一定的损伤,严重时植物甚至可能会死亡。近年来,经研究发现,通常土壤含盐量在 0.2% ~0.5% 时就会对植物的生长造成影响,而盐渍土在含盐量较高的同时往往有着较高的 pH 值,因此对植株的生长发育具有更强的毒害作用,耐盐能力低的植物很难在盐渍土中生存,所以土壤盐碱化已经成为世界范围内影响农作物生产的关键因素(王春裕,1997;Wbdul 等,2007;Munns 和 Tester,2008)。盐胁迫对植物生长的各阶段及主要生理过程都有影响,如种子萌发、植株生长、光合作用、水分吸收利用、营养平衡、氧化应激等(Parihar 等,2015)。

学者们已经开展了一些农作物抗盐的研究,随后在其生理机制、耐盐基因克隆和耐盐分子生物学途径上都取得了一定的进展(卫银可,2016)。在盐胁迫等逆境条件下,植物体内代谢系统会发生紊乱(张新春等,2002)。田菁和宋爽(2010)研究了盐胁迫对小麦幼苗的影响,最终结果显示,盐胁迫对小麦的生长有负面影响。杨霄乾等(2008)在盐胁迫对番茄种子萌发的影响方面做过研究,得出的结论是盐浓度越高,种子发芽率越低。胡宝忱等(2008)研究了盐胁迫对玉米幼苗生长的影响,结果表明,盐胁迫能够降低幼苗鲜重和干重。苗海霞等(2005)报道了盐胁迫对苦楝根系活力的影响,结果显示,盐胁迫能够显著抑制其根系和地上部分的生长。吴永波和薛建辉(2002)研究了盐胁迫对 3 种白蜡树幼苗生长与光合作用的影响,结果显示,随着盐浓度升高,叶绿素含量逐渐降低,丙二醛(MDA)无明显变化。王宁等(2010)研究了 NaCl 胁迫对光蜡树部分生理指标的影响,结果显示,随着盐浓度的升高,叶绿素含量逐渐下降,丙二醛含量逐渐上升。何开跃和郭春梅(1995)研究了盐胁迫对 3 种竹子体内超氧化物歧化酶(SOD)、过氧化物酶(POD)活性的影响,得知不同种类竹子 POD 活性的变化不同是受 Ca^{2+} 的影响。崔兴国和芦站根(2011)研究不同钠盐胁迫对益母草种子发芽的影响时发现,盐浓度越高,种子发芽率越低。

1.1.3　H_2O_2 对植物生长发育的影响

大量的研究表明,H_2O_2 作为一种信号分子广泛参与植物体内的各种生理过程,例如在植物的生长发育、衰老、防御反应以及植物抵抗各种不良环境等方面都发挥着重要的作用(Neilli 等,2002;Laloi 等,2004)。Li 等(2009)报道外源 H_2O_2 对绿豆幼苗不定根形成和发育有一定的促进作用,外源 H_2O_2 预处理小麦种子可以减弱小麦幼苗的脂质过氧化作用,从而提高小麦幼苗的耐盐性(Wbdul 等,2007)。但关于外源 H_2O_2 对水分胁迫引起小麦幼苗脂质过氧化伤害的防护作用的研究方面,国内外并未有相关的报道。

H_2O_2 作为植物体内的一种十分重要的信号分子,参与调控植物的生长发育及对各种非生物逆境条件胁迫的应答过程。研究证明,通过诱导细胞抗氧化性的提高,能够提高水稻对盐胁迫的耐受性。谷文英等(2014)研究发现,H_2O_2 处理后菊苣幼苗所受到的盐胁迫有一定程度的缓解,主要与其上调了抗氧化酶活性和逆境蛋白表达有关。Bright 等(2006)以拟南芥为试验材料研究得出 H_2O_2 是生物细胞应答各种不良环境的一种信号分子,它参与调控脱落酸诱导的拟南芥气孔关闭过程。刘忠静等(2009)对干旱条件下黄瓜叶绿体进行了研究,研究表明,外源添加 H_2O_2 处理能够显著改善干旱胁迫下的活性氧等物质的累积对于黄瓜叶绿体造成的损伤情况。邱宗波等(2010)以小麦为试验材料,研究小麦幼苗在水分胁迫条件下外源 H_2O_2 对保护酶活性及脂质过氧化作用的影响,并探讨相关生理机制,目的在于为外源 H_2O_2 应用于提高植物抗旱性和胁迫生理生态研究提供科学依据,得出了 H_2O_2 对干旱胁迫下小麦所受到的伤害有防护作用的结论。李希东等(2011)以葡萄为试验材料,研究 *VvIPK2* 基因的表达及其在低温胁迫下所受的影响,通过调节多磷酸肌醇激酶基因 *VvIPK2* 的表达,参与葡萄低温胁迫响应,得出外源添加一定浓度的 H_2O_2 对葡萄酶活性、细胞膜相对透性等有一定的影响的结论。兰益等(2014)以广东、广西地区栽种的小菊品种"东莞红"为试验材料,研究了外源 H_2O_2 对小菊插穗生根的影响,发现适宜浓度的外源 H_2O_2 处理可降低小菊插穗 POD 的活性,提高插穗多酚氧化酶(PPO)的活性,表明一定浓度的外源 H_2O_2 处理会加快植物体内的新陈代谢,从而促进插穗生根和根的生长。徐芬芬等(2017)通过研究外源 H_2O_2 对盐胁迫下水稻幼苗根系生长和抗氧化系统的影响,得出 H_2O_2 是一种重要的耐逆信号分子,能够影响植物的生长发育、胁迫响应和程序性死亡等重要的生理过程。此外,H_2O_2 还在寄主－病原物的相互作用、细胞程序性死亡和诱导植物抗病性等过程中发挥着重要作用(刘建新等,2016)。随着 H_2O_2 的价值逐步被发掘,越来越多的学者开始研究 H_2O_2 对植物生长发育的影响。

1.1.4　高温胁迫对植物生长发育的影响

植物的生长发育需要在一定的环境条件下进行。当植物不能在该环境条件下正常生长发育时,环境就对植物形成胁迫作用;这种不适宜植物生长的环境,将会不同程度地影响植物的生理生化特性。环境胁迫包括温度胁迫、盐胁迫、水分胁迫以及重金属胁迫等。温度胁迫又包括低温胁迫、高温胁迫和剧烈变温胁迫(吴崇行,2013)。其中高温胁迫是指环境温度高于植株正常生长所能适应的最高温度对植物的生理特性产生负面影响的现象。大部分植物会由于高温胁迫而开花、结果异常。通常情况下高温往往伴随着干旱、缺水、光照强,这又进一步对植物的生理机制产生影响。促进某些酶的活性提高,降低另外一些酶的活性是高温危害植物的机理,因此会使植物产生异常的生化反应,严重时可导致细胞死亡。同时,高温还可能引起蛋白质的聚合和变性,细胞质膜的破坏、窒息和某些毒性物质的释放。

随着温室效应的加剧,越来越多的学者开始研究高温胁迫对植物的生理特性的影响。何晓明等(2002)以华南型黄瓜 T－6(耐热品种)和 T－7(不耐热品种)为试验材料,研究了两种不同品种的黄瓜在 28 ℃(常温)和 38 ℃(高温)作用 5 d 后脯氨酸含量的变化,SOD 活性以及电导率的变化程度。试验表明,在高温处理下耐热品种黄瓜的电导率保持相对稳定,而不耐热品种黄瓜的电导率大幅增加;耐热品种的脯氨酸含量和 SOD 活性均显著高于不耐热品种。这说明耐热品种黄瓜的抗高温性显著高于不耐热品种黄瓜。贾开志和陈贵林(2005)选取了茄子的 14 个品种作为试验材料,探究了高温条件对茄子幼苗的可溶性糖含量的影响,结果表明,热害指数、脯氨酸含量、电解质渗透率可以作为判断茄子耐热性的生理指标,而可溶性糖含量不能。这说明不同品种茄子的耐热性明显不同,且并不是所有生理指标均可作为判断茄子耐热性的标准。曹云英等(2010)研究了高温对稻米品质的影响,该研究从叶绿素、质膜透性、激素、多胺、蔗糖 – 淀粉代谢途径关键酶活性和蛋白质组学等方面阐述了高温胁迫对水稻生长发育的生理机制的影响。结果显示,高温影响水稻的光合作用、酶的活性、多胺以及脯氨酸含量,且可通过选育抗高温品种、加强田间管理来减少高温天气对水稻产量的影响。杨绚等(2013)以小麦为试验材料,通过气候预估数据,利用区域气候模式分析小麦的高温敏感期。结果表明,小麦的高温敏感期是开花前期,在开花期临近时,温度越高小麦的长势越差。这说明了小麦的耐高温性不仅与品种有关,同时还与小麦的生长时期有关,可以通过人为调控增加小麦在不耐高温期的产量。杜凌等(2016)为了解淡黄花百合的高温抗性,对淡黄花百合幼苗进行 35 ℃下 4 d、6 d、8 d、10 d 的高温胁迫处理,测定了高温对淡黄花百合幼苗叶片中丙二醛含量、脯氨酸含量、含水量、可溶性蛋白质含量、可溶性糖含量的影响。结果表明,淡黄花百合幼苗在高温条件下,丙二醛含量逐渐降到最低,到第 10 天有所升高,脯氨酸含量先升高后下降,最后略有上升,含水量随高温时间的延长逐渐下降,可溶性蛋白质、可溶性糖的含量逐步升高后有所下降。徐佳宁等(2018)以 7 个西瓜甜瓜砧木品种为试验材料,研究了高温胁迫对西瓜甜瓜砧木幼苗叶片中 4 种抗氧化酶活性和丙二醛含量的影响。结果显示,与对照组相比,在高温条件下,所有参与试验的砧木叶片中 MDA 含量和 4 种抗氧化酶活性都发生了显著变化,但不同砧木品种的峰值出现的时间不同。这说明不同砧木品种对高温胁迫的响应机制存在差异。研究高温胁迫下植物生理生化变化,通过增加某些酶的活性使其抗高温能力增强,增加植物抗逆性,成为现代高温胁迫研究的又一热点。

1.1.5　水分亏缺对植物生长发育的影响

在生产中,有很多环境因子会直接或间接地影响植物体本身的生产力,其中水分亏缺造成的影响已经超过其他逆环境因子影响的总和(Saini 和Westgate,2000;卜庆雁和周晏起,2001)。我国从古代开始就已经发展出了"蹲苗"以及"晒田"等种植经验,也就是说在作物的幼苗期即开始对其进行有意识的水分控制,经过这样操作的作物会在之后逐渐生长得更加健壮(王家雄,1980)。20 世纪 30 年代,有学者开始逐步提出对植物进行水分亏缺训练,结果是作物经过水分亏缺后再进行复水处理即可达到显著提高光合速率的效果(山仑和陈培元,1998)。20 世纪 70 年代,接连有众多学者参与到复水后水分亏缺作物的补偿效应的探索之中。Wenkert 等(1978)第一次将进行水分亏缺后恢复供水处理而引起的植物快速生长称为补偿生长。后来,越来越多的学者将各种作物纳入研究范围,如小麦、玉米和马铃薯等,而且由此愈加证明了复水处理对作物的激发效应。山仑(2003)还发现作物有一个从承受伤害到逐步顺应改变的过程,以此来响应自身受到的水分亏缺,在一定的水分亏缺范围内进行干旱处理并在处理后进行复水处理,通常会产生补偿作用。陈晓远和罗远培(2001)以冬小麦为试验对象分析出:虽然作物在幼苗期承受了相对严重的缺水,但在开春后寻找某个生长阶段为其正常供水,作物会生长得更加迅速,同时还会促进干物质的积累。综上所述,可以将经由水分亏缺处理而发生的相应补偿作用描述为:在承受了一定范围内的水分亏缺处理后,再正常供水,就能使作物在各方面的品质有所提升。

研究发现,经过 5 h 的快速干旱后叶片伸长会降为零,如果是逐渐干旱的话,时间较长,需要 20 h,这样就可以看出作物会在受到胁迫的过程中逐渐产生适应性,那么该结论可以作为探索复水后的补偿效应的客观基础。水分亏缺下植物感觉到刺激并做出相应的防御,比如:感受到水分亏缺后的植物在其根部会形成脱落酸,间接引起气孔导度的缩小,气孔群耦合可形成气孔振荡,植物体内的吲哚乙酸的相应减少可逐渐减少植物原本的代谢活动,减少水分的流失;另外,水分亏缺也有利于植物形态结构的改善,例如根系加深,防止倒伏(姬谦龙,2002;茆智等,2003;周金鑫等,2008;郝树荣,2008)。

作物经过水分亏缺处理后再复水可以显著提高作物的生长速率和产量等,这是毋庸置疑的。荆家海和肖庆德(1987)通过对玉米进行水分亏缺处理后再恢复正常水分供应的研究发现,经过处理的玉米叶片生长速度比未经处理的玉米叶片生长速度明显加快;郭贤仕和山仑(1994)在水稻生长前期对其进行水分亏缺处理后恢复正常水分供应,发现不仅提高了水稻光合速率,还有效促进了水稻体内干物质的积累;关义新等(1997)研究发现,高粱在开花期时进行水分亏缺处理后复水,高粱的雌穗发育被阻遏的部分逐渐恢复正常,并且在穗长、穗粗及穗重上与寻常植株相比存在明显的优势。然而并不是所有的补偿作用都是相同的。例如,Acevedo等(1971)发现作物在恢复正常水分供应后会在短时间内迅速生长,借此补偿了水分亏缺过程中造成的损失;另有人提出,恢复水分供应后的补偿作用可能是分不同阶段进行的,也就是说只有在恢复正常供水的短时间内才发生植株快速生长的现象(姬谦龙,2002);还有一种说法是补偿作用根据不同位置有不同的分配,比如通过减少根系里的营养物质来补偿地上部分的损失。水分亏缺后复水,不但能实现短时间内作物的快速成长,并且在后期生长中也存在明显影响。Subramanian和Maheswar(1992)及郭相平和康绍忠(2000)研究发现,恢复正常的水分管理可有效延长植物叶片的有效期,在产量上补偿了水分亏缺造成的不利影响。

1.1.6 花青素苷的提取及测定

花青素苷是类黄酮类化合物,广泛存在于被子植物的花、果实、茎、叶的液泡中,是植物重要的呈色物质。它在酸性条件下呈红色,在碱性条件下呈蓝色。自然状态下的花青素苷以糖苷形式存在,很少有游离的花青素苷存在(薛晓丽,2009;耿建,2011)。花青素苷赋予花和叶片丰富的颜色,为大自然增添五彩缤纷的景致。定航和文英(1997)在植物花色的研究中指出,花青素苷在酸性介质中呈红色,在碱性介质中呈蓝色,在中性介质中呈紫色。赵宇瑛和张汉锋(2005)对花青素苷进行了分离与分析,并在一定程度上探索了花青素苷的生物合成途径,对其基因表达也做了测试,同时详细阐述了花青素苷的生理功能和保健功能。张宁(2008)研究了植物花青素苷的合成、修饰、转运及收集积累过程,并从转录水平和转录后水平分析了花青素苷途径分子调控机制,概述了外部因素对花青素苷积累的影响,并在此基础上提出了一个新的花青素苷途径调控机制模型。祝朋芳等(2012)以粉色叶羽衣甘蓝自交系为试材,采用盐酸乙醇提取法得出羽衣甘蓝花青素苷提取的最适宜条件:波长 536 nm、60 ℃恒温水浴 60 min、溶液 pH 值为 2。

花青素苷作为一种天然的食用色素,不但安全、无毒,而且来源丰富,在食品、医药、化妆品、保健方面都有着很大的应用潜力(段玉清和谢笔钧,2002;杨大进等,2003;孙丽华等,2004)。但在国内,有关花青素苷的研究起步较晚,并且没有较成熟的提取与纯化体系。1994 年,研究人员开发出含有葡萄籽花青素苷的乳液,它可以有效地防止皮肤失水造成的干燥、干裂和皱纹,提高皮肤的保湿能力(段玉清和谢笔钧,2002)。花青素苷的实际生产和应用目前仅限于某些保健品和化妆品领域,在食品工业中的生产及应用方面几乎处于空白(乌日罕等,2016)。

从根本上讲,花青素苷是一种强有力的抗氧化剂,它能够保护人体免受自由基的损伤,还能够增强血管弹性,改善循环系统,提高皮肤的光滑度,抑制炎症和过敏,提高关节的柔韧性(孙芳玲,2011)。Bombardelli 等(1989)报道,大鼠和小鼠在短期急性剂量(LD > 4000 mg/kg)和长期慢性剂量下服用花青素苷均无毒副作用,在生殖方面,服用花青素苷的雌性动物在生育前后均十分安全。陆茵(2001)在研究中指出,花青素苷对巴豆油引起的炎症反应有明显的抑制作用,表明花青素苷具有较强的抗癌作用。大量的研究表明,花青素苷具有抗氧化、抗突变的功能,能减少致癌因子的形成,还有预防心脑血管疾病的发生、预防近视、改善视力等多种保健功能(鲍永华等,2007)。崔建和李晓岩(2014)发现花青素苷的抗肿瘤机制主要包括抗突变、抗氧化、抗炎、诱导转化、调节信号转导通路、抑制肿瘤细胞增殖,它具有诱导细胞周期停滞,促进肿瘤细胞凋亡,诱导自噬,抗肿瘤侵袭转移,逆转肿瘤细胞的耐药性并提高对化疗的敏感性等作用。

花青素苷是植物重要的呈色物质,但它易受到环境因子的影响,因此近年来研究者人为制造不同的条件,对花青素苷进行提取及分析、研究,致力于实现花青素苷的工业合成及生产,将其独特的生理特性应用于生物工程领域,使其在工厂化生产、药物治疗等领域发挥出重大作用(张云洁等,2014)。

1.1.6.1 影响体外花青素苷稳定性的因素

1. 内在因素

花青素苷的结构不同,其稳定性的差异较大。一般情况下,花青素苷母核结构中羟基数目下降和甲基化程度提高可使其稳定性增加,糖基化程度越高,其稳定性越强(Giusti 等,1999)。

2. 外在因素

温度是影响花青素苷稳定性的一个重要因素,它对花青素苷的降解有显著的影响(Cabtita 等,2000)。一般情况下,天然色素在低温或干燥状态时较稳定,加热或高温可加快变色反应,尤其在加热至沸点时易氧化褪色(植中强等,1999)。已有大量的研究结果表明,随着温度的升高或时间的延长,花青素苷的降解速度加快。张燕等(2005)的研究结果表明,红莓花青素苷受热到 45~75 ℃时,其含量显著降低。Dyrby 等(2001)的研究结果表明,葡萄皮和黑醋栗提取物中的花青素苷在 80 ℃时的降解速率是 1.5×10^{-2} h^{-1},而在 40 ℃时的降解速率是 6.7×10^{-3} h^{-1}。

光对花青素苷的影响具有双重作用,一方面促进花青素苷的生物合成,另一方面又促使花青素苷降解。花青素苷在室内散射光照射下比较稳定,在室外自然光照射下则不稳定,表现为色调变化较大,颜色逐渐变浅。Ochoa 等(2001)证明了光能降解树莓、甜樱桃及酸樱桃中的花青素苷,在有光和避光条件下花青素苷的降解效果有显著差异。在有光条件下,树莓、甜樱桃及酸樱桃中花青素苷降解速率分别为 0.0550 ± 0.0035 h^{-1}、0.0360 ± 0.0031 h^{-1} 和 0.0460 ± 0.0037 h^{-1};在避光条件下,降解速率分别为 0.0220 ± 0.0012 h^{-1}、0.0300 ± 0.0036 h^{-1} 和 0.0347 ± 0.0026 h^{-1}。pH 值、金属离子、氧化、酶、抗坏血酸、糖及其降解产物等都会对花青素苷产生影响

（Wei 和 Shi,2007）。因此,贮藏、加工方式的不同都会对花青素苷的稳定性产生不同的影响。

1.1.6.2 花青素苷的提取方法

1. 微波辅助提取法

微波辅助提取法是在微波场中利用微波吸收能力的差异使萃取体系中的某些组分被选择性加热,使提取物质从体系中分离,进入萃取溶剂中（Routray 和 Orsat,2012）。它是利用微波能来提高提取率的一项新技术,常用来提取花青素苷、多酚类物质。

2. 超声波提取法

超声波在 20 世纪 50 年代后逐渐应用于化工生产中,主要应用在药用成分、多糖以及其他功能性成分的提取等研究领域。超声波在振动中使植物形成很多小空穴,当空穴瞬间闭合时,细胞破裂,内部有效成分浸出来从而强化萃取作用（Vilkhu 等,2008）。

3. 加压溶剂萃取法

加压溶剂萃取法又称为加压流体萃取法、加速溶剂萃取法等。在提取过程中,先把试剂加热到沸点以上,使它保持流动的状态,这样破坏了分子间的氢键,赋予水分子更多的非极性特性。目前加压溶剂萃取法已经用于不同物种的花青素苷提取中（Priscilla 等,2011）。

4. 有机溶剂萃取法

有机溶剂萃取法是目前国内外广泛使用的提取方法,已经成功地应用于提取葡萄籽、蓝莓等植物的花青素苷。大多数都选择甲醇、乙醇、丙酮或它们的混合溶剂对材料中的花青素苷进行溶解、过滤。同时多在溶剂中加入少量的酸来降低溶液的 pH 值,以防止花青素苷降解,常用的酸有盐酸、碳酸、醋酸、柠檬酸等（Truong 等,2010）。在有机萃取剂中,萃取剂以盐酸甲醇为最佳,甲醇分子较小,可以与花青素苷充分接触,萃取效率较高,宜用于花青素苷的实验室分析和鉴定,利用甲醇萃取可以有效降低极性较小的杂质对花青素苷纯度的影响;当所提取的色素用于食品着色时,考虑甲醇的毒性,可以选择盐酸乙醇溶液作为萃取剂;如果既要考虑色素的产量,又要尽量保持色素的原始状态,可以选择有机酸和甲醇作为萃取剂。

有机溶剂萃取法原理简单,对设备要求较低,不足之处是大多数有机溶剂的毒副作用大且萃取率低。由于其具有提取时间长、遇热不稳定、成分易被破坏、杂质含量高、污染环境等缺点,目前常与许多新型提取方法结合使用。

1.1.6.3　花青素苷定性的研究方法

1. 紫外可见光谱法(UV Vis spectrum)

紫外可见光谱法可以用来对花青素苷进行初步的鉴定,其基本原理如下:已知花青素苷的最大特征吸收峰值在 275 nm 和 500 ~ 540 nm 附近;在 300 ~ 330 nm 有吸收峰,说明此色素含有酰基;在 326 ~ 329 nm 有吸收峰,说明酰基化的有机酸是咖啡酸;由在 440 nm 处的吸光值和其最大吸收波长下的吸光值的比值(A_{440}/A_{max})可以推测出糖基的位置和酰基的个数;花青素苷在 440 nm 处有峰值,说明花青素苷 C_5 的羟基没有被取代;通入 SO_2 后没有褪色现象,说明花青素苷在 C_4 上有甲氧基或苯基。

2. 高效液相色谱法(HPLC)

在对花青素苷的分离、纯化中,在有标准品的情况下,高效液相色谱法可同时进行定性和定量的分析,具有需样量少、热降解少和分析时间短等优点。

3. 质谱法(MS)

质谱法是 20 世纪 70—80 年代发展起来的技术。质谱法可以检测出化合物相对分子质量和结构等信息,还可以鉴定混合物和复杂体系中的化合物。其中,花青素苷结构的鉴定,多使用高效液相色谱 - 多级质谱联用以及结合多种电离源技术,例如红树莓、杨梅、红叶芥、黄瑞木果实等花青素苷组分的研究就利用了这个技术(黄芯婷,2006;忠祥,2007;张欣,2008)。

1.1.7　本书研究的意义及目的

目前羽衣甘蓝种子主要依赖于进口,当前我们国家对羽衣甘蓝的研究和培育都没有形成规模,羽衣甘蓝的优良种子相对昂贵,因此羽衣甘蓝无法在我国以经济作物的方式大范围推广种植(孟志卿和徐东生,2005)。应用组织培养技术对羽衣甘蓝进行快速繁殖,不仅可以解决种源问题,减少 F_1 代种子纯度不够引起的成本高问题,还可解决自交繁殖引起的种性分离问题。羽衣甘蓝再生体系的建立有助于提供育种中间材料,为转基因育种提供外源基因转化受体系统。因此,羽衣甘蓝的离体 - 再生培养系的研究十分重要(杨小玲和刘书婷,2001)。

盐胁迫是最为常见的逆境条件,易造成农作物的大面积减产,是影响植物生长的重要环境因素。提高植物对环境胁迫的抗性,尤其是对盐胁迫的抗性,是保证植物稳定生长的重要措施。当植物受到环境胁迫时会产生大量活性氧,盐胁迫能迅速诱导植物体内活性氧积累,引起蛋白质和脂类物质氧化损伤。植物体内有 2 种清除保护机制,即酶促系统和非酶促系统。其中酶促系统是指由酶作为催化剂的化学反应系统;非酶促系统包括超氧化物歧化酶、H_2O_2 酶(CAT)和抗坏血酸过氧化物酶(APX)等(马增岭,2008)。对非酶促系统的研究表明,盐胁迫能使植物体内活性氧增加。H_2O_2 等活性氧物质在植物体内也能起到信号转导作用,微量 H_2O_2 等活性氧在调节某些生理现象方面起着重要作用,尤其是在细胞信号转导中的作用。盐胁迫能造成植物体内活性氧成分的累积,引发植物体内的蛋白质和脂类物质氧化损伤。目前耐盐性研究大多集中在西红柿等蔬菜类植物,对于观赏植物的耐盐性研究少有报道(帕提曼等,2009;刘斌等,2009)。

近年来,全球平均气温不断升高,夏季高温已经成为影响许多植物生长和发育的主要环境因素(邱海峰等,2016)。在持续高温条件下,植物体内会发生一系列异常的生理生化反应,直接影响植株生长,严重时能够使植株死亡。大量研究者报道了植物的高温逆境的作用机理(杨敏等,2017)。关于其他植物高温胁迫的研究很多,但关于羽衣甘蓝高温胁迫的研究进展却鲜见报道。

在羽衣甘蓝幼苗期和莲座期,气候环境因子变化幅度较大将会对作物产生直接影响,在幼苗生长期间供应的水分达不到其本身的需求量时,将会直接影响植株长势,甚至对观赏价值造成不可逆转的影响。在北方地区,低温季节光照充足且十分干燥,很少出现阴雨天气,水资源的供应将是其最大瓶颈之一。现如今地下水资源越来越匮乏,人们也越来越重视植物节水栽培模式。我们应充分了解羽衣甘蓝在水分亏缺胁迫下自身生理特性的变化规律,为羽衣甘蓝抗逆生理研究及节水种植模式提供理论基础。

目前食品工业上所用的色素多为合成色素,几乎都有不同程度的毒性,长期使用会危害人的健康,因此天然色素就越来越引起科研人员的重视。提取花青素苷对于花青素苷类色素的深入研究与开发来说是必备的理论依据和试验基础,并且有助于其工业利用。因此,对羽衣甘蓝中花青素苷进行探索,对其有更深层的理解,能弥补羽衣甘蓝营养价值研究中的一部分缺失。

本书研究的目的如下:

(1)研究不同浓度 NaCl 胁迫对羽衣甘蓝种子萌发及幼苗生长发育、生理状况的影响,希望研究成果对盐碱地区进行羽衣甘蓝栽培有一定的指导意义。

(2)采用不同浓度 H_2O_2 溶液处理盐胁迫下的羽衣甘蓝,测定不同生理指标,如叶绿素、类胡萝卜素、蛋白质含量以及相对电导率、过氧化物酶活性,研究 H_2O_2 对盐胁迫的缓解作用,找到最适宜的 H_2O_2 处理浓度,试验结果将为揭示 H_2O_2 在植物抗盐胁迫反应中的作用机制提供依据。

(3)本书以羽衣甘蓝 F_2 代幼苗为试验材料,在不同高温处理条件下,通过测量叶绿素、类胡萝卜素、蛋白质含量以及相对电导率、过氧化物酶活性来研究高温下羽衣甘蓝生理特性的变化,研究结果将为羽衣甘蓝高温季节栽培提供新的理论依据。

(4)在不同的水分亏缺处理条件下,测定羽衣甘蓝植株叶片中的相对含水量、丙二醛(MDA)含量、叶绿素含量、类胡萝卜素含量以及相对电导率的变化,为探索水分亏缺处理下羽衣甘蓝的抗性提供客观基础,借以指导羽衣甘蓝节水栽培技术的开发。

(5)以紫色羽衣甘蓝为材料,拟研究盐酸甲醇萃取工艺,并且采用分光光度计测量其含量,利用 HPLC - MS 法检测其成分,为快速有效地提取羽衣甘蓝中花青素苷以及分析其成分奠定基础。

1.2　材料与方法

1.2.1　植物材料

羽衣甘蓝鸽系列的“白鸽”、羽衣甘蓝 DH 系列的“D07”与“D06”杂交所得到的 F₂ 代幼苗用于抗逆试验。“D07”表现为紫色心叶,叶片平展,叶缘全缘无锯齿;“D06”表现为白色心叶,叶片皱叶,叶缘全缘褶皱。在植物材料长至莲座期后分别置于 20 ℃和 10 ℃下生长 15 d,于观赏期取样进行试验。

1.2.2　仪器设备

FA2104N 型电子天平,HH - 8 型数显恒温水浴锅,723N 型可见分光光度计,GXZ - 158A 型光照培养箱,FE38 型电导率仪,电热恒温鼓风干燥箱,TGL - 20B 型高速台式离心机,HPLC - MS 液质联用分析仪, - 20 ℃冰箱,超低温冰箱。

研钵、直尺、游标卡尺、比色杯、烧杯、量筒、镊子、剪刀、滤纸、三角瓶、100 mL 容量瓶、试管、离心管、培养皿等。

1.2.3　主要试剂

95%乙醇、氯化钠、H_2O_2、浓盐酸、丙酮、愈创木酚、磷酸二氢钾、氢氧化钠、氯化三苯基四氮唑(TTC)、乙酸乙酯、次硫酸钠、考马斯亮蓝 G – 250、甲醇、液氮、10% 三氯乙酸(TCA)(将 10 g TCA 溶于 100 mL 水中,可放于冰箱中保存备用)、0.6% 硫代巴比妥酸(TBA)(将 0.3 g TBA 用 10% TCA 溶液定容至 50 mL,现配现用)等。

1.2.4 盐胁迫对羽衣甘蓝发芽率及幼苗生长状况的影响

1.2.4.1 羽衣甘蓝幼苗培养

取"白鸽"羽衣甘蓝种子用于催芽试验。分别配制浓度为 0.4%、0.8%、1.0%、2.0% 的 NaCl 溶液,以蒸馏水为对照,在 25 ℃光照充足的条件下置于培养皿中培养。每天更换滤纸及 NaCl 溶液,待培养 7 d 后种植于穴盘中,每天每皿补充与之前相同浓度的 NaCl 溶液。记录羽衣甘蓝种子发芽数目,并统计发芽率、发芽势、发芽指数、相对发芽指数、相对盐害率及相对发芽率。计算公式如下:

$$发芽率 = \frac{发芽的种子数目}{种子总数} \times 100\%$$

$$发芽势 = \frac{前 7 \, d \, 发芽种子数目}{种子总数} \times 100\%$$

$$发芽指数 = \frac{5 \, d \, 内发芽种子数目}{发芽天数} \times 100\%$$

$$相对发芽指数 = \frac{盐处理发芽指数}{对照发芽指数} \times 100\%$$

$$相对盐害率 = \frac{对照发芽数 - 各处理发芽数}{对照发芽数} \times 100\%$$

$$相对发芽率 = \frac{盐处理发芽率}{对照发芽率} \times 100\%$$

1.2.4.2　测量幼苗生长状况

种子发芽后,种植到营养钵中,待幼苗生长 20 d 后测量幼苗生长的各项指标,用游标卡尺测量根长、苗高,用电子天平称量幼苗鲜重,使用干燥箱烘干幼苗后,用电子天平称量幼苗干重。

1.2.4.3　羽衣甘蓝生理指标测定

1. 叶绿素 a 和叶绿素 b 含量的测定

选取长势良好的叶片,用剪刀剪碎,然后称取 0.2 g 放在三角瓶中,在里面加 95% 的乙醇 20 mL,把瓶口封好,在无光条件下放置 24 h,直到叶片完全失去颜色,再加入乙醇 5 mL。选用光径 1 cm 的比色杯,加入叶绿素提取液,用 95% 的乙醇作为对照,在波长为 663 nm、645 nm 和 470 nm 时测量吸光度值。

$$C_a = 12.72 \times A_{663} - 2.59 \times A_{645}$$

$$C_b = 22.88 \times A_{645} - 4.67 \times A_{663}$$

$$C_{叶} = C_a + C_b$$

式中　C_a——叶绿素 a 的浓度,mg/L;

C_b——叶绿素 b 的浓度,mg/L;

$C_{叶}$——叶绿素的总浓度,mg/L。

2. POD 活性的测定

将 20 μL 酶液和 3 mL 反应液加入比色皿中,在波长为 470 nm 时,每过 1 min 读数 1 次,总共读数 3 次,以每分钟吸光度变化值表示酶活力的大小。根据以上试验测得的数据按下式计算 POD 活性:

$$POD\ 活性[U/(g \cdot min)] = \frac{\Delta A_{470} \times V}{V_a \times W \times 0.01 \times t}$$

式中　ΔA_{470}——样品提取液在 470 nm 波长下每分钟吸光度变化值,L/(g·cm)

　　　V——提取酶液体积,mL;

　　　V_a——测定时所取酶液体积,mL;

　　　t——反应时间,min;

　　　W——样品鲜重,g。

3. 丙二醛(MDA)的测定

将 1 mL 酶液和 2 mL 0.6% 的硫代巴比妥酸密封煮沸 15 min,待完全冷却后进行离心处理,取上层清液,分别在 600 nm、532 nm、450 nm 波长下测定吸光度值。

$$MDA\ 含量(mmol/L) = $$
$$\frac{(6.45 \times A_{532} - 6.45 \times A_{600} - 0.56 \times A_{450}) \times V_t}{V_s}$$

式中　V_t——提取液总体积,mL;

　　　V_s——测定液体积,mL;

　　　A_{600}——样品提取液在 600 nm 波长下的吸光度值;

　　　A_{532}——样品提取液在 532 nm 波长下的吸光度值;

　　　A_{450}——样品提取液在 450 nm 波长下的吸光度值。

1.2.5　H_2O_2 对盐胁迫下羽衣甘蓝幼苗生长的影响

1.2.5.1　盐胁迫下羽衣甘蓝幼苗的培养

将 F_2 代羽衣甘蓝种子放在浸湿的滤纸上,放于培养皿中,密封后放在 25 ℃的恒温培养箱中催芽,出芽后将其放入拌有蛭石的营养钵中培养,第一次浇透水,以利于羽衣甘蓝生根,后期不宜浇水过多,防止其陡长。待羽衣甘蓝幼苗高达 10 ~ 15 cm 时,停止浇水。如表 1 - 1 所示,将幼苗分为 4 组分别进行处理,编号为 CK、T1、T2、T3,处理 6 d 后取用羽衣甘蓝的叶片作为试材进行试验。

表 1 - 1　不同处理编号和处理条件

编号	处理条件
CK	35 mL 100 mmol/L NaCl + 5 mL H_2O
T1	35 mL 100 mmol/L NaCl + 5 mL 0.05% H_2O_2
T2	35 mL 100 mmol/L NaCl + 5 mL 0.10% H_2O_2
T3	35 mL 100 mmol/L NaCl + 5 mL 1.00% H_2O_2

1.2.5.2 H₂O₂ 对盐胁迫下羽衣甘蓝生长的影响

1. H₂O₂ 对盐胁迫下羽衣甘蓝蛋白质含量的影响

取在盐胁迫下用不同浓度 H₂O₂ 溶液处理的新鲜叶片,称取 0.5 g 放入研钵中,加入 5 mL pH 值为 7.8 的磷酸缓冲液进行研磨,将匀浆倒入离心管中,在 10000 r/min 的转速下冷冻离心 20 min,取上层清液(酶液)倒入试管中备用。取 0.1 g 考马斯亮蓝 G－250 溶于 50 mL 95% 的乙醇中,加入 100 mL 85% 的磷酸,定容至 1000 mL 作为反应液。测定时,在 20 μL 缓冲液中加入 3 mL 考马斯亮蓝 G－250 溶液作为对照组调零,取 20 μL 上层清液加入 3 mL 反应液,室温放置 2 min,在 595 nm 波长下进行比色,绘制蛋白质标准曲线。

根据上述试验测得的数据,按下式计算蛋白质含量:

$$蛋白质含量(\mu g/g) = \frac{C \times V}{V_a \times W}$$

式中　　C——根据标准曲线查得的蛋白质含量,μg;

　　　　V——酶液总量,mL;

　　　　V_a——提取液体积,mL;

　　　　W——羽衣甘蓝的鲜重,g。

2. H₂O₂ 对盐胁迫下羽衣甘蓝叶绿素含量的影响

取在盐胁迫下用不同浓度 H₂O₂ 溶液处理的叶片,用蒸馏水轻轻冲洗干净,擦干后用电子天平称取 0.2 g 的叶片作为试材,用剪刀将其剪成细碎小条状,同时注意避开叶脉,放入装有 20 mL 95% 乙醇的 50 mL 锥形瓶中,采用乙醇浸提法,将其放在黑暗条件下避光保存 22 h,至叶片全部褪色为止。22 h 后向锥形瓶中加入 5 mL 的 95% 乙醇,充分摇匀后,取浸提液在 663 nm、645 nm 波长下测吸光度值 A_{663}、A_{645}。

根据上述试验测得的数据,按下式计算叶绿素含量:

$$C_a = 0.0127 \times A_{663} - 0.00259 \times A_{645}$$

$$C_b = 0.0229 \times A_{645} - 0.00467 \times A_{663}$$

$$C_{叶} = C_a + C_b$$

$$叶绿素含量(mg/g) = \frac{C_{叶} \times V_a \times D}{W}$$

式中　A_{663}——样品提取液在 663 nm 波长下的吸光度值;

　　　A_{645}——样品提取液在 645 nm 波长下的吸光度值;

　　　C_a——叶绿素 a 的浓度,g/L;

　　　C_b——叶绿素 b 的浓度,g/L;

　　　$C_{叶}$——叶绿素的总浓度,g/L;

　　　D——稀释倍数。

3. H_2O_2 对盐胁迫下羽衣甘蓝类胡萝卜素含量的影响

取在盐胁迫下用不同浓度 H_2O_2 溶液处理的叶片,用蒸馏水轻轻冲洗干净,擦干后用电子天平称取 0.2 g 的叶片作为试材,用剪刀将其剪成细碎小条状,同时注意避开叶脉,放入装有 20 mL 95% 乙醇的 50 mL 锥形瓶中,采用乙醇浸提法,将其放在黑暗条件下避光保存 22 h,至叶片全部褪色为止。22 h 后向锥形瓶中加入 5 mL 的 95% 乙醇,充分摇匀后,取浸提液在 470 nm 波长下测吸光度值 A_{470}。

根据上述试验测得的数据,按下式计算类胡萝卜素的含量:

$$C_{类} = \frac{1000 \times A_{470} - 3.27 \times C_a - 104 \times C_b}{229}$$

$$类胡萝卜素含量(mg/g) = \frac{C_类 \times V_a \times D}{W}$$

式中　A_{470}——样品提取液在 470 nm 波长下的吸光度值;

　　　　$C_类$——类胡萝卜素的浓度,mg/L;

　　　　V_a——提取液体积,mL;

　　　　W——样品鲜重,g;

　　　　D——稀释倍数。

4. H_2O_2 对盐胁迫下羽衣甘蓝相对电导率的影响

取在盐胁迫下用不同浓度 H_2O_2 溶液处理的新鲜叶片 0.3 g,用自来水冲洗干净,再用蒸馏水冲洗几遍后用吸水纸吸干水分,剪碎;将剪碎后的叶片放入试管(或 15 mL 大离心管)中,加 10 mL 去离子水,在室温下放置 3 h 使叶片充分吸水后测定溶液电导率(R_1);再放入 100 ℃沸水浴中煮至少 20 min,使叶片的细胞组织完全破裂,将试管放入冷水浴中冷却到室温后测定溶液电导率(R_2)。

根据上述试验测得的数据,按下式计算相对电导率:

$$相对电导率(\%) = \frac{R_1}{R_2} \times 100\%$$

5. H_2O_2 对盐胁迫下羽衣甘蓝过氧化物酶活性的影响

取在盐胁迫下用不同浓度 H_2O_2 溶液处理的新鲜叶片,称取 0.5 g 放入研钵中,加入 5 mL pH 值为 7.8 的磷酸缓冲液,冰浴研磨,将匀浆倒入离心管中,在 10000 r/min 的转速下冷冻离心 20 min,取上层清液倒入试管中备用。取 0.1 mol/L pH 值为 6.0 的磷酸缓冲液 50 mL 于烧杯中,加入愈创木酚 28 μL,快速搅拌使之完全溶解,冷却后加入 19 μL 30% 的 H_2O_2 混合均匀,保存于冰箱中,作为反应液。测定 POD 活性时取 20 μL 上层清液,立即加入 3 mL 反应液于比色皿中,在 470 nm 波长下每隔 1 min 读数 1 次,共读数 3

次,以每分钟吸光度变化值表示酶活性的大小。

根据上述试验测得的数据,按下式计算 POD 活性:

$$POD\ 活性[\,U/(g\cdot min)\,] = \frac{\Delta A_{470} \times V}{V_a \times W \times 0.01 \times t}$$

式中　ΔA_{470}——样品提取液在 470 nm 波长下每分钟吸光度变化值;

　　　t——反应时间,min;

　　　W——样品鲜重,g;

　　　V——提取酶液的体积,mL;

　　　V_a——测定时所取酶液体积,mL。

1.2.6　高温胁迫对羽衣甘蓝生理特性的影响

1.2.6.1　羽衣甘蓝幼苗的培养

选取苗龄 60 d、苗高 10～15 cm 的羽衣甘蓝幼苗,放置于光照培养箱中,在昼(8:00—20:00)温度为(26±0.5)℃,夜(20:00—8:00)温度为(22±0.5)℃条件下进行培养,时间为 5 d。设置光照培养箱内空气相对湿度为75%、光照度为 7000 lx。

1.2.6.2　高温胁迫的处理

将预处理过的羽衣甘蓝幼苗放置于光照培养箱中,设置光照培养箱内空气相对湿度为 75%、光照度为 7000 lx,在昼(8:00—20:00)温度为(39±0.5)℃,夜(20:00—8:00)温度为(26±0.5)℃条件下进行高温处理,在处理的当天及第二、四、六、八天取叶片用于后续试验。

1.2.6.3 高温胁迫后叶片生理指标的测定

1. 叶绿素含量的测定

剪取经高温处理后的植株最上端的成熟叶片,用蒸馏水轻轻冲洗干净,用吸水纸擦干后用电子分析天平称取 0.2 g 作为试材,用剪刀将其剪成细碎小块状,放入 50 mL 锥形瓶中,向锥形瓶中加入 20 mL 95% 乙醇,遮光静置 22 h,直至叶片全部植株褪绿结束。22 h 后向锥形瓶中加入 5 mL 95% 乙醇,取浸提液在 663 nm、645 nm 波长下测吸光度值 A_{663}、A_{645},重复 3 次。

根据以上试验测得的数据,按下式计算叶绿素含量:

$$C_a = 0.0127A_{663} - 0.00259A_{645}$$

$$C_b = 0.0229A_{645} - 0.00467A_{663}$$

$$C_叶 = C_a + C_b$$

$$叶绿素含量(mg/g) = \frac{C_叶 \times V_a \times D}{W}$$

式中　A_{663}——样品提取液在 663 nm 波长下的吸光度值;

　　　A_{645}——样品提取液在 645 nm 波长下的吸光度值;

　　　C_a——叶绿素 a 的浓度,g/L;

　　　C_b——叶绿素 b 的浓度,g/L;

　　　$C_叶$——叶绿素的总浓度;

　　　D——稀释倍数。

2. POD 活性的测定

取 0.1 mol/L pH 值为 6.0 的磷酸缓冲液 50 mL 于烧杯中,加入愈创木酚 28 μL,使用玻璃棒搅拌至完全溶解,然后加入 19 μL 30% H_2O_2,摇晃均匀,放置在冰箱中保存;测定过氧化物酶活性时取 20 μL 酶液于比色皿中,并向其中迅速加入 3 mL POD 反应液,在 470 nm 波长下每隔 1 min 读数 1 次,共读数 3 次,以每分钟吸光度变化值表示酶活性的大小,重复 3 次。

根据上述试验测得的数据,按下式计算 POD 活性:

$$POD\ 活性[U/(g \cdot min)] = \frac{\Delta A_{470} \times V}{V_a \times W \times 0.01 \times t}$$

式中　ΔA_{470}——样品提取液在 470 nm 波长下每分钟吸光度变化值;

　　　t——反应时间,min;

　　　W——样品鲜重,g;

　　　V——提取酶液总体积,mL;

　　　V_a——测定时所取酶液体积,mL。

3. 类胡萝卜素含量的测定

剪取植物顶端的成熟叶片,用蒸馏水轻轻冲洗干净,擦干后用电子天平称取 3 份 0.2 g 的叶片作为试材,用剪刀将其剪成细碎小条状,放入装有 20 mL 95% 乙醇的 50 mL 锥形瓶中,采用乙醇浸提法,避光保存 22 h。22 h 后向锥形瓶中加入 5 mL 的 95% 乙醇,在 470 nm 波长下测吸光度值 A_{470},重复 3 次。

根据上述试验测得的数据,按下式计算类胡萝卜素含量:

$$C_{类} = \frac{1000 \times A_{470} - 3.27 \times C_a - 104 \times C_b}{229}$$

$$类胡萝卜素含量(mg/g) = \frac{C_{类} \times V_a \times D}{W}$$

式中　A_{470}——样品提取液在 470 nm 波长下的吸光度值;

　　　$C_{类}$——类胡萝卜素浓度,mg/L;

V_a——提取液体积,mL;

W——样品鲜重,g;

D——稀释倍数。

4. 蛋白质含量的测定

剪取植物顶端的成熟叶片,用蒸馏水轻轻冲洗干净,称取 0.5 g 放入研钵中,加入 5 mL pH 值为 7.8 的磷酸缓冲液,冰浴研磨,匀浆倒入离心管中,在 10000 r/min 的转速下冷冻离心 20 min,取上层清液(酶液)倒入试管中备用;取 0.1 g 考马斯亮蓝 G-250 溶于 50 mL 95% 的乙醇中,加入 100 mL 85% 的磷酸,定容至 1000 mL 作为反应液。测定时,取 20 μL 酶液加入 3 mL 反应液,室温放置 2 min,在 595 nm 波长下进行比色,重复 3 次。

根据上述试验测得的数据,按下式计算蛋白质含量:

$$蛋白质含量(\mu g/g) = \frac{C \times V}{V_a \times W}$$

式中　V——酶液总量,mL;

V_a——提取液总量,mL;

W——羽衣甘蓝鲜重,g。

5. 相对电导率

剪取植物顶端的成熟叶片 0.3 g,用蒸馏水轻轻冲洗干净后擦干。将样品剪碎放入试管(或 15 mL 大离心管)中,加入 10 mL 蒸馏水,室温下静置 3 h 使叶片充分吸收水分后测定溶液的电导率(R_1);然后放入恒温水浴锅中,在 100 ℃ 沸水浴中煮至少 20 min,使叶片的组织完全破裂,然后冷却到室温后测定溶液电导率(R_2),重复 3 次。

根据上述试验测得的数据,按下式计算质膜相对透性(用相对电导率表示):

$$相对电导率(\%) = \frac{R_1}{R_2} \times 100\%$$

1.2.7 水分亏缺对羽衣甘蓝生理特性的影响

1.2.7.1 羽衣甘蓝幼苗培养及不同试验处理

当试材羽衣甘蓝幼苗长至 7~8 片真叶、株高达到 15 cm 时,可以用于试验。

先用烘干法测得相关指标并计算出土壤的相对含水率,然后以 80%~90% 的土壤含水率为对照,分别设置 3 个不同水分梯度:50%~60% 的土壤含水率为重度水分亏缺;60%~70% 的土壤含水率为中度水分亏缺;70%~80% 的土壤含水率为轻度水分亏缺。用称重法来维持土壤的相对含水率,当质量达到设置的最低限度时,浇水至设定的最大限度。在水分亏缺处理的基础上将其设置为 5 个阶段,分别是处理 2 d、4 d、6 d、8 d 及复水 1 周,每个阶段都含有各个水分梯度的试材 3 份,为 3 个重复处理,处理后取羽衣甘蓝的叶片用于生理指标的测定,测定时需要再测定一组未经试验处理的试材的各项生理指标,用于比较、分析。

1.2.7.2 不同程度水分亏缺处理后羽衣甘蓝生理 指标的测定

1. 叶片中的相对含水量

将新采集的叶片分成两份,两份材料的质量(W_f)保持一致,一份用报纸包住放入干燥箱中 60 ℃ 进行烘干,烘干至叶片质量不再减小为止,此时称得干重(W_d);另一份剪成小块放入蒸馏水中浸泡约 1 h,浸泡之后擦干称量,直至叶片质量不再增加为止,此时称得饱和鲜重(W_t)。根据以上数据计算叶片组织的相对含水量(%)。

$$相对含水量 = \frac{W_f - W_d}{W_t - W_d} \times 100\%$$

式中　W_f——样品鲜重,g;

　　　W_d——样品干重,g;

　　　W_t——样品饱和鲜重,g。

2. 叶片中的叶绿素含量

取相应的羽衣甘蓝叶片数片,用蒸馏水洗净组织表面的污物并擦干,用剪刀将其剪成小碎条(避开中间的大叶脉),取 0.2 g 混匀,将称量好的碎条放入 50 mL 的锥形瓶中,加入 95% 乙醇 20 mL,将瓶口用封口膜封上,放在黑暗的条件下避光保存 22 h 左右,直到所有叶片全部褪绿发白,此时再加 5 mL 95% 乙醇,摇匀备用。将得到的提取液放入洁净的比色皿,再用 95% 乙醇溶液作为对照,在特定波长下测定吸光度值,并根据下列公式计算出植株叶片中叶绿素的含量。

$$C_a = 0.0127A_{663} - 0.00259A_{645}$$

$$C_b = 0.0229A_{645} - 0.00467A_{663}$$

$$C_{叶} = C_a + C_b$$

$$叶绿素含量(mg/g) = \frac{C_{叶} \times V_a \times D}{W}$$

式中　A_{663}——样品提取液在 663 nm 波长下的吸光度值;

　　　A_{645}——样品提取液在 645 nm 波长下的吸光度值;

　　　C_a——叶绿素 a 的浓度,g/L;

　　　C_b——叶绿素 b 的浓度,g/L;

　　　$C_{叶}$——叶绿素的总浓度,g/L;

　　　D——稀释倍数。

3.叶片中的类胡萝卜素含量

取相应的羽衣甘蓝叶片数片,用蒸馏水洗净组织表面的污物并擦干,用剪刀将其剪成小碎条(避开中间的大叶脉),取0.2 g混匀,将称量好的碎条放入50 mL的锥形瓶中,加入95%乙醇20 mL,将瓶口用封口膜封上,放在黑暗的条件下避光保存22 h左右,直到所有叶片全部褪绿发白,此时再加5 mL 95%乙醇,摇匀备用。将类胡萝卜素提取液放进比色皿,用95%乙醇溶液作为对照,在470 nm波长下测定吸光度值,并根据下列公式计算出植株叶片中类胡萝卜素的含量。

$$C_{类} = \frac{1000 \times A_{470} - 3.27 \times C_a - 104 \times C_b}{229}$$

$$类胡萝卜素含量(mg/g) = \frac{C_{类} \times V_a \times D}{W}$$

式中 $C_{类}$——类胡萝卜素浓度,mg/L;

A_{470}——样品提取液在470 nm波长下的吸光度值;

V_a——提取液体积,mL;

W——样品鲜重,g;

D——稀释倍数。

4.叶片中的丙二醛(MDA)含量

取相应的羽衣甘蓝叶片数片,用蒸馏水洗净组织表面的污物并擦干,用剪刀将其剪成小碎条(避开中间的大叶脉),称取1 g混匀放入研钵中,用2 mL 10% TCA辅助叶片研磨直到呈现出匀浆的状态,倒入具有刻度的离心管中方便配平。此时用1 mL 10% TCA清洗研钵,清洗液倒入离心管中定容到3 mL,用蒸馏水配平,放入TGL-20B高速台式离心机中,以4000 r/min的转速离心10 min,离心后的上层清液为样品提取液。吸取样品提取液2 mL于试管中,在另一个试管中加2 mL蒸馏水作为对照组,在两个试管中分别倒入 2 mL 0.6% TBA 溶液,然后将试管中的混合溶液置于水浴锅中用沸水煮 13 min,以试管中有小气泡产生时为计时点,将试管用试管夹夹住,防止烫伤。沸水浴时间到后,将两个试管拿出放入装满凉水的烧杯中,使其迅速冷却,冷却后的溶液需再次离心处理(用对照组配平),转速和时间与之前保持一致。离心后分别取上层清液,测吸光度值,并计算 MDA 含量。

$$\text{MDA 含量}(\text{mmol/L}) = \frac{(6.45 \times A_{532} - 6.45 \times A_{600} - 0.56 \times A_{450}) \times V_t}{V_s}$$

式中　　V_t——提取液总体积,mL;

　　　　V_s——测定液体积,mL;

　　　　A_{600}——样品提取液在 600 nm 波长下的吸光度值;

　　　　A_{532}——样品提取液在 532 nm 波长下的吸光度值;

　　　　A_{450}——样品提取液在 450 nm 波长下的吸光度值。

5. 叶片中的相对电导率

取相应的羽衣甘蓝叶片数片,用蒸馏水洗净组织表面的污物并擦干,用剪刀将羽衣甘蓝叶片剪成小块,随机抓取称重 0.3 g 放入干净的试管,随后加入 10 mL 去离子水,淹没叶片,摇晃几下后将其放置在室温下等待 3 h,待植株叶片充分吸水后,用电导率仪测溶液的初电导率(R_1)。测定完初电导率后,再将装着溶液的试管转移到水浴锅中用沸水煮 20 min 左右,此时植株的叶片组织在长时间的高温下均已破裂,将试管取出用冷水迅速将其冷却后测末电导率(R_2),并计算出相对电导率。

根据上述试验测得的数据,按下式计算相对电导率:

$$\text{相对电导率}(\%) = \frac{R_1}{R_2} \times 100\%$$

1.2.8　花青素苷的组织定位及含量、成分测定

1.2.8.1　徒手切片制作

将新鲜的羽衣甘蓝叶片和茎段洗净并泡在蒸馏水中湿润备用,用双面刀片沿着植物材料切口平行切下,切下后将刀片上的植物组织轻轻转移至盛有蒸馏水的培养皿中。用镊子轻轻取出切面完整、薄厚均匀的组织切片制成临时装片,置于光学显微镜下观察、拍照。

1.2.8.2　配制萃取剂

1.2% 盐酸甲醇萃取剂的配制

以浓盐酸为溶质、甲醇溶液为溶剂,100 mL 提取剂中盐酸与甲醇试剂的体积比为 2∶98,即将 2 mL 浓盐酸用甲醇试剂定容至 100 mL,得到 2% 浓度的盐酸甲醇萃取剂。操作在实验室通风橱中进行,溶液于阴暗通风处密封保存。

2.4% 盐酸甲醇萃取剂的配制

以浓盐酸为溶质、甲醇溶液为溶剂,100 mL 提取剂中盐酸与甲醇试剂的体积比为 4∶96,即将 4 mL 浓盐酸用甲醇试剂定容至 100 mL,得到 4% 浓度的盐酸甲醇萃取剂。操作在实验室通风橱中进行,溶液于阴暗通风处密封保存。

3.6% 盐酸甲醇萃取剂的配制

以浓盐酸为溶质、甲醇溶液为溶剂,100 mL 提取剂中盐酸与甲醇试剂的体积比为 6∶94,即将 6 mL 浓盐酸用甲醇试剂定容至 100 mL,得到 6% 浓度的盐酸甲醇萃取剂。操作在实验室通风橱中进行,溶液于阴暗通风处密封

保存。

4.8% 盐酸甲醇萃取剂的配制

以浓盐酸为溶质、甲醇溶液为溶剂,100 mL 提取剂中盐酸与甲醇试剂的体积比为 8∶92,即将 8 mL 浓盐酸用甲醇试剂定容至 100 mL,得到 8% 浓度的盐酸甲醇萃取剂。操作在实验室通风橱中进行,溶液于阴暗通风处密封保存。

1.2.8.3 提取条件的选择

1. 分光光度计波长的选择

称取 1 g 羽衣甘蓝叶片 5 份,剪碎加入液氮研磨(可加少量丙酮),移至 10 mL 离心管中,贴上标签,加入 2% 浓度的盐酸甲醇萃取剂,在 40 ℃ 水浴锅中水浴 20 min,取出后以 5000 r/min 的转速离心 15 min,用移液枪取上层清液 1 mL,再加入 2% 浓度的盐酸甲醇萃取剂 2 mL,用分光光度计分别在 520 nm、530 nm、536 nm、540 nm、550 nm 波长下检测吸光度值 A,每次测量重复 3 次,记录数值。

2. 萃取剂浓度的选择

称取 1 g 羽衣甘蓝叶片 4 份,剪碎加入液氮研磨(加少量丙酮),移至 10 mL 离心管中,贴上标签,分别加入 2%、4%、6%、8% 浓度的盐酸甲醇萃取剂,在 40 ℃ 水浴锅中水浴 20 min,取出后以 5000 r/min 的转速离心 15 min,用移液枪取上层清液 1 mL,分别加入对应浓度的盐酸甲醇萃取剂 2 mL,用分光光度计在 530 nm 波长下检测吸光度值 A,重复 3 次,记录数值,计算其含量并确定最佳萃取剂浓度。

3. 提取温度的选择

称取 1 g 羽衣甘蓝叶片 4 份,剪碎加入液氮研磨(加少量丙酮),移至 10 mL 离心管中,贴上标签,加入 2% 浓度的盐酸甲醇萃取剂,用水浴锅分别在 30 ℃、40 ℃、50 ℃、60 ℃下水浴 20 min,取出后以 5000 r/min 的转速离心 15 min,用移液枪取上层清液 1 mL,再加入 2% 浓度的盐酸甲醇萃取剂 2 mL,用分光光度计在 530 nm 波长下检测吸光度值 A,重复 3 次,记录数值,计算花青素苷的含量并确定最佳提取温度。

4. 水浴提取时间的确定

称取 1 g 羽衣甘蓝叶片 5 份,剪碎加入液氮研磨(加少量丙酮),移至 10 mL 离心管中,贴上标签,加入 2% 浓度的盐酸甲醇萃取剂,用水浴锅在 40 ℃下分别水浴 20 min、30 min、40 min、50 min、60 min,取出后以 5000 r/min 的转速离心 15 min,用移液枪取上层清液 1 mL,再加入 2% 浓度的盐酸甲醇萃取剂 2 mL,用分光光度计在 530 nm 波长下检测吸光度值 A,重复 3 次,记录数值,计算花青素苷的含量并确定最佳水浴提取时间。

1.2.8.4　优化条件下羽衣甘蓝花青素苷的含量

称取 1 g 羽衣甘蓝叶片 3 份,剪碎加入液氮研磨(加少量丙酮),移至 10 mL 离心管中,贴上标签,加入 2% 浓度的盐酸甲醇萃取剂,在 40 ℃水浴锅中水浴 40 min,取出后以 5000 r/min 的转速离心 15 min,用移液枪取上层清液 1 mL,再加入 2% 浓度的盐酸甲醇萃取剂 2 mL,用分光光度计在 530 nm 波长下检测吸光度值 A,记录数值,计算花青素苷的含量。根据以上试验测得的数据,按下式计算花青素苷含量:

$$花青素苷含量(g/L) = \frac{A \times M \times DF \times m \times V}{\varepsilon \times L}$$

式中　A——吸光度值;

　　　M——矢车菊素 – 3 – 葡糖苷的相对分子质量(449.2);

　　　DF——稀释倍数;

　　　m——羽衣甘蓝的质量,g;

　　　V——提取液的总体积,mL;

ε——矢车菊素 $-3-$ 葡糖苷的消光系数(26900);

L——比色皿宽度(1 cm)。

1.2.8.5 羽衣甘蓝花青素苷成分的测定

提取花青素苷滤液经过浓缩,后经孔径为 0.22 μm 的微孔滤膜过滤后上样分析,利用 HPLC – MS 液质联用分析仪检测花青素苷成分。

色谱条件:色谱柱选用 ACQUITY UPLC BEH C18(2.1 mm × 50 mm,1.7 μm)。流动相 A 为乙腈,流动相 B 为 0.1% 三氟乙酸,经过梯度洗脱程序(0 ~ 5 min,A 为 40% ;5 ~ 7 min,A 为 40% ~ 70% ;7 ~ 10 min,A 为 70% ;10 ~ 11 min,A 为 100% ;11 ~ 12min, A 为 40%),流速为 0.3 mL/ min,进样量为 2 μL,柱温为 30 ℃。

质谱条件:正离子模式,自动二级质谱扫描,扫描范围(m/z)200 ~ 2000,毛细管电压为 3000 V,离子源温度为 300 ℃,干燥气温度为 350 ℃,干燥气流量为 600 L/h。

本试验使用 Excel 软件统计数据,然后用 Xcalibur 软件分析花青素苷的质谱流图、一级质谱图、二级质谱碎片离子峰和综合保留时间,根据一级质谱的分子离子信息和二级质谱碎片离子信息,并结合相关文献对各个色谱峰进行结构推断,鉴定羽衣甘蓝花青素苷的主要成分。

1.3　结果与分析

1.3.1　盐胁迫对羽衣甘蓝发芽率及幼苗生长状况的影响

1.3.1.1　不同浓度 NaCl 对羽衣甘蓝种子萌发的影响

在加入浓度为 0.4%、0.8%、1.0%、2.0% 的 NaCl 溶液(称为试验组)以及蒸馏水(称为对照组)后,每天记录种子的发芽情况,并计算出对应的发芽率、发芽势、发芽指数、相对发芽率、相对发芽指数、相对盐害率。如表 1-2 所示,在 4 种 NaCl 浓度及对照组中,其发芽率、发芽势、发芽指数、相对发芽率、相对发芽指数、相对盐害率差异显著。对比对照组和 0.4%、0.8%、1.0%、2.0% 4 种 NaCl 浓度下羽衣甘蓝种子发芽情况,可见发芽率、发芽势、发芽指数、相对发芽率、相对发芽指数随 NaCl 溶液浓度的增加而降低,相对盐害率则随 NaCl 溶液浓度的增加而增加。对照组与浓度 0.4% 的 NaCl 发芽数目较多,在 2.0% 浓度下几乎不发芽,发芽率仅为 4.45%,说明 NaCl 溶液浓度越高,对种子萌发的抑制作用越强。

表 1-2　不同 NaCl 浓度下羽衣甘蓝种子发芽情况

NaCl 浓度	发芽率/%	发芽势/%	发芽指数/%	相对发芽率/%	相对发芽指数/%	相对盐害率/%
对照组	51.11±19.24[a]	42.22±16.78[a]	1.10±0.41[a]	—	—	—
0.4%	46.67±17.64[a]	33.34±11.55[a]	1.00±0.38[a]	93.94±34.94[a]	93.46±34.71[a]	6.06±34.94[b]
0.8%	17.78±10.18[b]	11.11±10.18[b]	0.38±0.22[b]	41.93±29.63[b]	41.73±29.56[b]	58.08±29.63[a]
1.0%	15.56±10.18[b]	13.33±6.67[b]	0.33±0.22[b]	28.79±28.47[b]	28.77±10.89[b]	71.21±10.60[a]
2.0%	4.45±3.85[b]	2.22±3.85[c]	0.10±0.08[b]	8.59±8.35[b]	8.40±8.15[b]	91.41±8.35[a]

注:表格中的不同字母表示差异显著($P<0.05$),下同。

1.3.1.2 不同浓度 NaCl 对羽衣甘蓝幼苗生长状况的影响

对对照组和 4 组试验组进行 3 组重复试验,分别测量幼苗苗高、根长、鲜重和干重。结果如表 1 - 3 所示,可以发现,NaCl 浓度越高,幼苗根长越短,苗高越低,鲜重也越低,干重随着 NaCl 浓度提高呈现先增加后降低的趋势。在 2.0% NaCl 浓度下,苗高仅 2.57 cm。

表 1 - 3 不同 NaCl 浓度下羽衣甘蓝幼苗生长状况

NaCl 浓度	苗高/cm	根长/cm	鲜重/g	干重/mg
对照组	6.06 ± 0.14^a	6.27 ± 0.08^a	0.06 ± 0.002^a	2.69 ± 0.17^b
0.4%	5.78 ± 0.05^b	5.57 ± 0.02^b	0.06 ± 0.002^a	3.14 ± 0.18^a
0.8%	4.71 ± 0.13^c	5.14 ± 0.22^c	0.05 ± 0.001^b	2.31 ± 0.05^c
1.0%	4.20 ± 0.11^d	3.78 ± 0.05^d	0.05 ± 0.001^b	2.06 ± 0.05^d
2.0%	2.57 ± 0.04^e	2.14 ± 0.02^e	0.03 ± 0.004^d	1.94 ± 0.04^d

1.3.1.3 不同浓度 NaCl 对羽衣甘蓝叶绿素含量的影响

对对照组和 4 组试验组进行 3 组重复试验,测得羽衣甘蓝的叶绿素含量。结果如表 1 - 4 所示,对比对照组和 0.4%、0.8%、1.0%、2.0% 四种 NaCl 浓度下的试验结果,可见 NaCl 浓度越高,羽衣甘蓝的叶绿素含量越低。

表 1 - 4　不同 NaCl 浓度下羽衣甘蓝的叶绿素含量

NaCl 浓度	叶绿素含量/$(mg \cdot g^{-1})$
对照组	0.41 ± 0.002^a
0.4%	0.26 ± 0.001^b
0.8%	0.25 ± 0.004^b
1.0%	0.25 ± 0.012^b
2.0%	0.06 ± 0.051^c

1.3.1.4　不同浓度 NaCl 对羽衣甘蓝丙二醛(MDA) 含量的影响

表 1 - 5　不同浓度 NaCl 处理下羽衣甘蓝的 MDA 含量

NaCl 浓度	MDA 含量/$(mmoL \cdot L^{-1})$
对照组	1.78 ± 0.01^b
0.4%	1.94 ± 0.02^a
0.8%	1.52 ± 0.01^d
1.0%	1.59 ± 0.02^e
2.0%	0.90 ± 0.02^e

在对照组和 0.4%、0.8%、1.0%、2.0% NaCl 浓度下,进行 3 组重复试

验,测得羽衣甘蓝 MDA 含量。结果如表 1 − 5 所示,对比对照组和 0.4% 、0.8% 、1.0% 、2.0% 四种 NaCl 浓度下的试验结果,随着 NaCl 浓度增加,MDA 含量先升高后降低,在 0.4% NaCl 浓度的环境下,羽衣甘蓝中 MDA 含量最高。

1.3.1.5　不同浓度 NaCl 对羽衣甘蓝过氧化物酶(POD)活性的影响

在对照组和 0.4% 、0.8% 、1.0% 、2.0% NaCl 浓度下,进行 3 组重复试验测得羽衣甘蓝的 POD 活性。结果如表 1 − 6 所示,对比对照组和 0.4% 、0.8% 、1.0% 、2.0% 四种 NaCl 浓度下试验结果,随着 NaCl 浓度的增加,POD 活性呈现先上升后下降的趋势。在 NaCl 浓度为 0.8% 时,POD 活性最大。

表 1 − 6　不同浓度 NaCl 处理下羽衣甘蓝的 POD 活性

NaCl 浓度	POD 活性[$U \cdot (g \cdot min)^{-1}$]
对照组	246.83 ± 2.36^c
0.4%	303.00 ± 4.77^b
0.8%	389.33 ± 18.62^a
1.0%	330.67 ± 23.97^b
2.0%	144.67 ± 3.25^d

1.3.2　H_2O_2 对盐胁迫下羽衣甘蓝幼苗生长的影响

1.3.2.1　H_2O_2 对盐胁迫下羽衣甘蓝蛋白质含量的影响

对试材进行相应处理,分别测得 CK(对照组)、T1(35 mL 100 mmol/L NaCl + 5 mL 0.05% H_2O_2 溶液)、T2(35 mL 100 mmol/L NaCl + 5 mL 0.10% H_2O_2 溶液)、T3(35 mL 100 mmol/L NaCl + 5 mL 1.00% H_2O_2 溶液)处理下得到的上层清液的吸光度值,根据公式算出对应的蛋白质含量,对 4 组蛋白质含量进行方差与差异显著性检验。结果如表 1 - 7 所示,对比 4 种处理条件下蛋白质的含量均值与差异性,可见:T3 组处理条件下,蛋白质含量显著高于 T1 组与 T2 组及 CK;在盐胁迫处理下,随着加入的 H_2O_2 浓度的升高,蛋白质含量随之升高;在同种处理条件下,紫叶羽衣甘蓝的蛋白质含量高于白叶羽衣甘蓝的蛋白质含量。这说明 H_2O_2 处理能提高盐胁迫下羽衣甘蓝叶片中蛋白质的含量,能够缓解盐胁迫对羽衣甘蓝蛋白质合成造成的影响,提高其抗逆性,使其营养价值更高。

表 1 - 7　H_2O_2 对盐胁迫下羽衣甘蓝蛋白质含量的影响

处理	白叶羽衣甘蓝蛋白质含量/ ($\mu g \cdot g^{-1}$)	紫叶羽衣甘蓝蛋白质含量/ ($\mu g \cdot g^{-1}$)
CK	0.62 ± 0.0065^d	0.77 ± 0.0076^c
T1	0.72 ± 0.0076^c	0.78 ± 0.0087^c
T2	0.79 ± 0.0096^b	0.85 ± 0.0098^b
T3	1.08 ± 0.0092^a	1.19 ± 0.0148^a

1.3.2.2　H_2O_2 对盐胁迫下羽衣甘蓝叶绿素含量的影响

对试材进行相应处理后,分别测得 CK、T1、T2、T3 处理下得到的上层清液的吸光度值,根据公式算出对应的叶绿素含量,对 4 组叶绿素含量进行方差与差异显著性检验。结果如表 1 - 8 所示,对比 4 种处理条件下提取的叶绿素含量,可见,不同浓度 H_2O_2 溶液处理的羽衣甘蓝叶绿素含量差异显著,T1 组处理条件下的羽衣甘蓝叶绿素含量最高,可知 0.05% H_2O_2 溶液处理能提高光合作用速率,改善盐胁迫对羽衣甘蓝光合作用的影响,促进盐胁迫下羽衣甘蓝叶绿素的合成。当加入的 H_2O_2 浓度升高时,羽衣甘蓝的叶绿素含量降低且低于对照组,说明 H_2O_2 浓度过高会抑制羽衣甘蓝叶片的光合作用,从而影响叶绿素的合成。在同种处理条件下,白叶羽衣甘蓝的叶绿素含量低于紫叶羽衣甘蓝的叶绿素含量,说明白叶羽衣甘蓝本身叶绿素的合成能力低于紫叶羽衣甘蓝本身叶绿素的合成能力。

表 1 - 8　H_2O_2 对盐胁迫下羽衣甘蓝叶绿素含量的影响

处理	白叶羽衣甘蓝叶绿素含量/ $(mg \cdot g^{-1})$	紫叶羽衣甘蓝叶绿素含量/ $(mg \cdot g^{-1})$
CK	0.44 ± 0.0042^b	0.58 ± 0.0074^c
T1	0.48 ± 0.0079^a	0.68 ± 0.0107^a
T2	0.42 ± 0.0032^c	0.62 ± 0.0065^b
T3	0.39 ± 0.0074^d	0.41 ± 0.0032^d

1.3.2.3 H_2O_2对盐胁迫下羽衣甘蓝类胡萝卜素 含量的影响

对试材进行相应处理后,分别测得 CK、T1、T2、T3 处理下得到的上层清液的吸光度值,根据公式算出对应的类胡萝卜素含量,对 4 组类胡萝卜素含量进行方差与差异显著性检验。结果如表 1 - 9 所示,可见:T1 组处理条件下的羽衣甘蓝类胡萝卜素含量显著高于 T2 组、T3 组及 CK,T1 组处理条件下的羽衣甘蓝类胡萝卜素含量最高,白叶为 0.29 mg/g,紫叶为 0.41 mg/g;在同种处理条件下,白叶羽衣甘蓝的类胡萝卜素含量明显低于紫叶羽衣甘蓝的类胡萝卜素含量。可知浓度为 0.05% 的 H_2O_2 处理能促进盐胁迫下羽衣甘蓝类胡萝卜素的合成,但加入的 H_2O_2 浓度提高,羽衣甘蓝的类胡萝卜素含量降低且低于对照组,说明 H_2O_2 浓度过高会抑制羽衣甘蓝类胡萝卜素的合成,受到盐胁迫的程度加重。

表 1 – 9　H_2O_2对盐胁迫下羽衣甘蓝类胡萝卜素含量的影响

处理	白叶羽衣甘蓝类胡萝卜素含量/(mg · g^{-1})	紫叶羽衣甘蓝类胡萝卜素含量/(mg · g^{-1})
CK	0.26 ± 0.0023^c	0.35 ± 0.0009^b
T1	0.29 ± 0.0011^a	0.41 ± 0.0058^a
T2	0.27 ± 0.0008^b	0.35 ± 0.0021^b
T3	0.23 ± 0.0018^d	0.30 ± 0.0023^c

1.3.2.4　H_2O_2 对盐胁迫下羽衣甘蓝相对电导率的影响

对试材进行相应处理后,分别测得 CK、T1、T2、T3 组羽衣甘蓝叶片的电导率,根据公式算出对应的相对电导率,对 4 组电导率进行方差与差异显著性检验。结果如表 1 – 10 所示,不同浓度 H_2O_2 溶液处理的羽衣甘蓝相对电导率差异显著,在盐胁迫下,随着 H_2O_2 浓度的升高,羽衣甘蓝的相对电导率也会升高,细胞质膜透性不断增大。在同种处理条件下,白叶羽衣甘蓝的相对电导率明显高于紫叶羽衣甘蓝,说明紫叶羽衣甘蓝的细胞质膜透性低于白色羽衣甘蓝,紫叶羽衣甘蓝的抗逆性高于白叶羽衣甘蓝。在较高浓度的 H_2O_2 处理下,电导率增加,细胞质膜透性变大,表明加入 H_2O_2 会加重羽衣甘蓝受到的盐胁迫的损伤。

表 1 – 10　H_2O_2 对盐胁迫下羽衣甘蓝相对电导率的影响

处理	白叶羽衣甘蓝相对电导率/%	紫叶羽衣甘蓝相对电导率/%
CK	30.34 ± 0.60^d	28.80 ± 0.56^d
T1	42.97 ± 0.36^c	37.30 ± 0.38^c
T2	50.51 ± 0.37^b	44.93 ± 0.20^b
T3	60.68 ± 0.70^a	56.14 ± 0.20^a

1.3.2.5　H_2O_2 对盐胁迫下羽衣甘蓝过氧化物酶活性的影响

对试材进行相应处理后,分别测得 CK、T1、T2、T3 组的上层清液的吸光度值,根据公式算出对应的过氧化物酶活性,对 4 组过氧化物酶活性进行方差与差异显著性检验,结果见表 1 – 11。

表 1 – 11　H_2O_2 对盐胁迫下羽衣甘蓝过氧化物酶活性的影响

处理	白叶羽衣甘蓝过氧化物酶活性/$[U \cdot (g \cdot min)^{-1}]$	紫叶羽衣甘蓝过氧化物酶活性/$[U \cdot (g \cdot min)^{-1}]$
CK	318.33 ± 3.40^{b}	321.00 ± 4.88^{c}
T1	343.67 ± 3.89^{a}	360.83 ± 5.37^{a}
T2	337.17 ± 1.74^{a}	344.00 ± 4.16^{b}
T3	274.33 ± 3.81^{c}	280.17 ± 5.98^{d}

由表 1 – 11 可见,T1 组处理条件下过氧化物酶活性均值明显高于 T2 组、T3 组及 CK,且白叶羽衣甘蓝与紫叶羽衣甘蓝过氧化物酶活性均随着加入的 H_2O_2 浓度的升高而不断下降;在同种处理条件下,白叶羽衣甘蓝的过氧化物酶活性明显低于紫叶羽衣甘蓝。这说明一定浓度的 H_2O_2 溶液处理可以降低羽衣甘蓝受到的盐胁迫伤害,在一定程度上参与抗氧化反应,但是当加入的 H_2O_2 浓度较高时,会加重羽衣甘蓝所受到的盐胁迫伤害。

1.3.3　高温胁迫对羽衣甘蓝生理特性的影响

1.3.3.1　高温胁迫对羽衣甘蓝叶片叶绿素含量的影响

植物的叶绿素含量会直接影响其光合作用。对植物进行高温处理,叶绿素含量会发生变化。叶绿素含量能够反映植物的耐热性(李大红等,2015)。由表 1 – 12 可知,在高温胁迫处理过程中,羽衣甘蓝不同表现型植株的叶绿素含量随高温处理时间的增加均逐渐下降,不同处理时间下结果有显著差异($P < 0.05$)。对比 0 d、2 d、4 d、6 d、8 d 五种处理条件下提取的叶绿素含量,可见高温胁迫时间越长,羽衣甘蓝的叶绿素含量越低,在 6 d、

8 d 处理条件下叶绿素含量显著低于其他处理组和对照组;在同种处理条件下,白叶羽衣甘蓝的叶绿素含量明显低于紫叶羽衣甘蓝的叶绿素含量。

表 1 - 12　高温胁迫处理时间对羽衣甘蓝叶绿素含量的影响

处理时间/d	紫叶羽衣甘蓝叶绿素含量/ $(mg \cdot g^{-1})$	白叶羽衣甘蓝叶绿素含量/ $(mg \cdot g^{-1})$
0	0.45 ± 0.0037[a]	0.40 ± 0.0045[a]
2	0.42 ± 0.0065[b]	0.39 ± 0.0076[b]
4	0.40 ± 0.0076[b]	0.38 ± 0.0087[b]
6	0.38 ± 0.0096[c]	0.35 ± 0.0098[c]
8	0.37 ± 0.0092[c]	0.35 ± 0.0148[c]

1.3.3.2　高温胁迫对羽衣甘蓝幼苗过氧化物酶活性的影响

过氧化物酶是植物体内重要的活性氧清除酶。当环境胁迫导致大量活性氧产生时,过氧化物酶能及时、有效地清除自由基,保护细胞免受活性氧胁迫的伤害。由表 1 - 13 可知,高温胁迫下羽衣甘蓝过氧化物酶活性先提高后降低,在处理第 2 天达到最高值,紫叶羽衣甘蓝过氧化物酶活性达到 347.33 U/(g·min),且显著高于其他处理组与对照组。处理 2 d 后逐渐下降,且白叶羽衣甘蓝过氧化物酶活性比紫叶羽衣甘蓝下降得更快。这说明当高温胁迫开始时,羽衣甘蓝体内应激产生过氧化物酶,清除活性氧,但随着高温胁迫时间增长,植株体内细胞可能受损,使得过氧化物酶活性逐渐下降。

表1-13　高温胁迫处理时间对羽衣甘蓝过氧化物酶活性的影响

处理时间/d	紫叶羽衣甘蓝过氧化物酶 活性/$[U \cdot (g \cdot min)^{-1}]$	白叶羽衣甘蓝过氧化物酶 活性/$[U \cdot (g \cdot min)^{-1}]$
0	255.50 ± 4.6786^c	217.33 ± 3.58482^c
2	347.33 ± 6.4354^a	357.00 ± 1.79478^a
4	311.67 ± 2.8430^b	325.83 ± 5.34525^b
6	298.17 ± 3.2601^b	289.00 ± 4.17543^b
8	255.33 ± 6.8135^c	237.17 ± 5.98671^c

1.3.3.3　高温胁迫对羽衣甘蓝叶片类胡萝卜素含量的影响

表1-14显示了高温处理后测得的白叶羽衣甘蓝与紫叶羽衣甘蓝类胡萝卜素含量。由表1-14可知,对比0 d、2 d、4 d、6 d、8 d五种处理条件下提取的类胡萝卜素含量,可见随着高温胁迫天数不断增加,羽衣甘蓝的类胡萝卜素含量呈现先升高后降低的变化趋势,在第2天达到最高值(紫叶羽衣甘蓝为0.724 g/L,白叶羽衣甘蓝为0.613 g/L);在同种处理条件下,白叶羽衣甘蓝的类胡萝卜素含量明显低于紫叶羽衣甘蓝类胡萝卜素含量。这说明短暂高温可以促进类胡萝卜素的合成,但持续高温会破坏细胞结构,影响细胞合成类胡萝卜素。

表 1 – 14　高温胁迫处理时间对羽衣甘蓝类胡萝卜素含量的影响

处理时间/d	紫叶羽衣甘蓝类胡萝卜素含量/$(g \cdot L^{-1})$	白叶羽衣甘蓝类胡萝卜素含量/$(g \cdot L^{-1})$
0	0.60 ± 0.0040^c	0.524 ± 0.0065^{bc}
2	0.724 ± 0.0021^a	0.613 ± 0.0039^a
4	0.64 ± 0.0052^b	0.578 ± 0.0267^{ab}
6	0.54 ± 0.0052^d	0.511 ± 0.0098^{bc}
8	0.51 ± 0.0043^d	0.478 ± 0.0105^c

1.3.3.4　高温胁迫对羽衣甘蓝叶片蛋白质含量的影响

对植株进行高温处理,分别测得白叶羽衣甘蓝与紫叶羽衣甘蓝叶片在不同高温胁迫天数下蛋白质的吸光度值,并根据公式算出对应的蛋白质含量。表 1 – 15 所示为白叶羽衣甘蓝与紫叶羽衣甘蓝叶片的蛋白质含量。对比 0 d、2 d、4 d、6 d、8 d 五种条件下蛋白质含量均值,发现蛋白质含量随着高温处理时间延长逐渐增加,且对照组的羽衣甘蓝叶片蛋白质含量显著低于高温处理的叶片,第 8 天测得的蛋白质含量显著高于其他处理组。这说明高温处理会增加叶片蛋白质含量,其原因可能是高温能够使细胞膜透性增强,提高蛋白质等大分子物质的外渗能力。

表 1 – 15   高温胁迫处理时间对羽衣甘蓝叶片蛋白质含量的影响

处理时间/d	紫叶羽衣甘蓝蛋白质 含量/(mg · g^{-1})	白叶羽衣甘蓝蛋白质 含量/(mg · g^{-1})
0	0.51 ± 0.0067^d	0.59 ± 0.0035^d
2	0.61 ± 0.0075^c	0.78 ± 0.0077^c
4	0.71 ± 0.0076^{bc}	0.80 ± 0.0066^c
6	0.81 ± 0.0074^b	0.85 ± 0.0047^b
8	1.09 ± 0.0076^a	1.13 ± 0.044^a

1.3.3.5   高温胁迫对羽衣甘蓝相对电导率的影响

如表 1 – 16 所示,五种高温处理时间的质膜透性存在显著差异。由表中数据可知,随着高温胁迫时间延长,植株叶片的相对电导率上升,且紫色羽衣甘蓝的相对电导率明显低于白色羽衣甘蓝。

表 1 – 16   高温胁迫处理时间对羽衣甘蓝相对电导率的影响

处理时间/d	紫叶羽衣甘蓝相对电导率/%	白叶羽衣甘蓝相对电导率/%
0	15.11 ± 0.5082^e	19.25 ± 0.4201^e
2	30.88 ± 0.5618^d	37.68 ± 0.6027^d
4	40.38 ± 0.3881^c	45.78 ± 0.3685^c
6	51.87 ± 0.2058^b	57.60 ± 0.3769^b
8	63.16 ± 0.2099^a	74.51 ± 0.7036^a

1.3.4　水分亏缺对羽衣甘蓝生理特性的影响

1.3.4.1　不同程度水分亏缺对羽衣甘蓝叶片中相对含水率的影响

　　表 1–17 显示了不同程度水分亏缺胁迫下羽衣甘蓝叶片相对含水率随时间的变化,在对照组和轻度水分亏缺、中度水分亏缺及重度水分亏缺的胁迫下,分别测得各水分亏缺处理 2 d、4 d、6 d、8 d 后及复水后羽衣甘蓝植株叶片的干重、鲜重及饱和鲜重,并通过这些数据计算叶片组织的相对含水率。由表可以看出,在整个处理期间,对照组羽衣甘蓝植株叶片的相对含水率基本维持不变,在水分亏缺的前 4 天,经过处理的羽衣甘蓝植株叶片相对含水率逐渐降低,第 4 天后羽衣甘蓝植株叶片相对含水率迅速下降,第 6 天时羽衣甘蓝植株叶片相对含水率的下降趋势又有所减缓。在第 6 天的时候,经过处理的羽衣甘蓝植株叶片中的相对含水率下降趋势减缓,可能是由于干旱时间的延长和干旱程度的加重,植株对干旱环境有了一定的适应性。经复水处理后,水分亏缺处理条件下的羽衣甘蓝植株叶片相对含水率都有回升的趋势,但仍低于对照组,特别是重度和中度水分亏缺处理的羽衣甘蓝植株叶片相对含水率远远低于对照组,在一定范围内植株的相对含水率越低,抗旱性越强,由此研究发现,经过水分亏缺处理的羽衣甘蓝的抗旱性有所增强。

表1-17　不同程度水分亏缺对羽衣甘蓝叶片相对含水率的影响

处理	相对含水率/%			
	对照组	轻度水分亏缺	中度水分亏缺	重度水分亏缺
0 d	95.27 ±0.0032[a]	95.27 ±0.0031[a]	95.27 ±0.0032[a]	95.27 ±0.0032[a]
2 d	95.11 ±0.0023[a]	94.04 ±0.0023[b]	93.42 ±0.0013[b]	92.23 ±0.0021[b]
4 d	94.44 ±0.0014[b]	91.73 ±0.0033[d]	89.87 ±0.0026[c]	85.66 ±0.0045[d]
6 d	93.47 ±0.0012[c]	85.49 ±0.0030[e]	83.25 ±0.0020[d]	75.17 ±0.0017[e]
8 d	93.18 ±0.0019[c]	84.12 ±0.0010[f]	80.01 ±0.0008[e]	73.30 ±0.0009[f]
复水	94.53 ±0.0018[b]	92.39 ±0.0029[c]	89.95 ±0.0010[c]	86.76 ±0.0017[c]

1.3.4.2　不同程度水分亏缺对羽衣甘蓝叶片叶绿素含量的影响

在对照组和轻度水分亏缺、中度水分亏缺及重度水分亏缺的胁迫下,分别在各水分亏缺处理2 d、4 d、6 d、8 d后及复水后提取羽衣甘蓝叶片中的叶绿素,在663 nm和645 nm波长下测定得到相关的吸光度值,按照公式计算获得叶绿素含量,如表1-18所示。

由表1-18可见,在整个处理期间对照组羽衣甘蓝植株叶片的叶绿素含量有小幅度的上升,在水分亏缺的前6天,各处理条件下的羽衣甘蓝植株叶片中的叶绿素含量也呈逐步升高趋势。这是因为随着处理天数的增加,植物体内的水分逐渐减少,叶片组织越来越薄,导致植物叶片单位面积中氮素的含量增加,叶绿素分子的合成需要氮素的参与,所以叶绿素的含量逐渐增加,尤其是重度水分亏缺处理的羽衣甘蓝植株叶片中叶绿素含量增加最多,第6天后轻度水分亏缺处理的羽衣甘蓝植株叶片中的叶绿素含量趋于稳定,中度和重度水分亏缺处理的羽衣甘蓝植株叶片中的叶绿素含量有下降的趋势。在处理初期,水分亏缺在一定范围内促进了叶绿素的合成,使羽衣甘蓝内叶绿素的质量分数增大,叶绿素含量的增加促进了光合作用,补偿了水分亏缺;在处理后期(6 d 后),轻度水分亏缺处理的羽衣甘蓝植株叶片中叶绿素含量趋于稳定,此时叶绿素含量几乎不再上升,而中度和重度水分亏缺处理的羽衣甘蓝植株叶片可能由于水分亏缺时间过长,干旱程度较大,叶绿素的合成速度减慢甚至出现叶绿素含量降低的情况。经复水处理后,各水分亏缺处理的羽衣甘蓝植株叶片中叶绿素含量都有下降的趋势,但都仍高于对照组,特别是重度和中度水分亏缺处理的叶片的叶绿素含量远远高于对照组,由此可知,水分亏缺处理在一定范围和时间内有利于羽衣甘蓝的生长,使其抗旱性提高。

表 1-18　不同程度水分亏缺对羽衣甘蓝叶片叶绿素含量的影响

处理条件	叶绿素含量/$(mg \cdot L^{-1})$			
	对照组	轻度水分亏缺	中度水分亏缺	重度水分亏缺
0 d	4.22 ± 0.0983^{d}	4.22 ± 0.0983^{d}	4.22 ± 0.0983^{e}	4.22 ± 0.0983^{f}
2 d	4.26 ± 0.1210^{d}	4.26 ± 0.0515^{d}	4.60 ± 0.1280^{d}	5.13 ± 0.1759^{e}
4 d	4.73 ± 0.0382^{b}	4.95 ± 0.0487^{c}	5.33 ± 0.0790^{b}	5.80 ± 0.0809^{c}
6 d	4.80 ± 0.0824^{ab}	5.64 ± 0.1296^{b}	6.16 ± 0.0305^{a}	6.47 ± 0.1376^{a}
8 d	4.94 ± 0.0843^{a}	5.50 ± 0.0649^{a}	6.04 ± 0.0991^{a}	6.16 ± 0.0323^{b}
复水	4.41 ± 0.0902^{c}	4.95 ± 0.0425^{c}	5.11 ± 0.0576^{c}	5.44 ± 0.0665^{d}

1.3.4.3　不同程度水分亏缺对羽衣甘蓝叶片类胡萝卜素含量的影响

表 1 - 19 显示了不同程度水分亏缺胁迫下羽衣甘蓝叶片中类胡萝卜素含量随时间的变化,在对照组和轻度水分亏缺、中度水分亏缺及重度水分亏缺的胁迫下,分别在各水分亏缺处理 2 d、4 d、6 d、8 d 后及复水后提取羽衣甘蓝叶片中的类胡萝卜素,在 470 nm 波长下测定得到吸光度值,按照公式计算获得类胡萝卜素含量。由表 1 - 19 中数据可以看出,在整个处理期间,对照组羽衣甘蓝植株叶片的类胡萝卜素含量基本保持不变,在水分亏缺的前 6 天,不同处理条件下的羽衣甘蓝植株叶片中的类胡萝卜素含量逐渐增加,尤其是重度水分亏缺处理的羽衣甘蓝植株叶片中类胡萝卜素含量增加最多,第 6 天后中度水分亏缺处理的羽衣甘蓝植株叶片中的类胡萝卜素含量趋于稳定,重度和轻度水分亏缺处理的羽衣甘蓝叶片中类胡萝卜素含量有下降的趋势。在处理初期,水分的亏缺促进了类胡萝卜素的合成,使羽衣甘蓝叶片中类胡萝卜素含量上升,类胡萝卜素的增加促使光合作用效率提高,补偿了水分亏缺;在处理后期(6 d 后),中度水分亏缺处理的羽衣甘蓝植株叶片中类胡萝卜素含量趋于稳定,而轻度和重度水分亏缺处理的羽衣甘蓝植株叶片中出现类胡萝卜素含量降低的情况。经复水处理后,各水分亏缺处理的羽衣甘蓝植株叶片类胡萝卜素含量都有下降的趋势,但都仍高于对照组,特别是重度和中度水分亏缺处理的叶片中类胡萝卜素含量远远高于对照组。由此可知,经过一定范围和时间的水分亏缺处理后,类胡萝卜素的含量有所提高,有利于植物充分吸收光能,以进一步促进光合作用,有利于羽衣甘蓝的生长,使其抗旱性提高。

表1–19 不同程度水分亏缺对羽衣甘蓝叶片类胡萝卜素含量的影响

处理	类胡萝卜素含量/(mg·L^{-1})			
	对照组	轻度水分亏缺	中度水分亏缺	重度水分亏缺
0 d	1.61±0.0143[d]	1.61±0.0149[d]	1.61±0.0449[e]	1.61±0.0149[f]
2 d	1.69±0.0190[c]	1.81±0.0025[c]	1.98±0.0495[d]	2.10±0.0316[e]
4 d	1.70±0.0240[bc]	1.99±0.0386[a]	2.28±0.0895[c]	2.69±0.0065[c]
6 d	1.73±0.0042[ab]	2.00±0.0349[a]	2.70±0.0105[a]	3.05±0.0280[a]
8 d	1.74±0.0063[a]	1.90±0.0099[b]	2.61±0.0035[b]	2.81±0.0143[b]
复水	1.69±0.0131[c]	1.81±0.0131[c]	1.97±0.0282[d]	2.25±0.0185[d]

1.3.4.4 不同程度水分亏缺对羽衣甘蓝叶片丙二醛含量的影响

在对照组和轻度水分亏缺、中度水分亏缺及重度水分亏缺的胁迫下,分别提取各水分亏缺处理2 d、4 d、6 d、8 d后及复水后羽衣甘蓝植株叶片中的丙二醛,在450 nm、532 nm和600 nm波长下测定获得吸光度值,按公式计算获得丙二醛含量,见表1–20。由表可以看出,在处理过程中,对照组羽衣甘蓝植株叶片中丙二醛含量有小幅度的上升,在水分亏缺的8 d内,不同处理条件下的羽衣甘蓝植株叶片中丙二醛含量呈上升趋势,尤其是重度水分亏缺处理的羽衣甘蓝植株叶片中丙二醛含量增加最多。在处理初期,水分亏缺会造成植物叶片内部发生膜脂过氧化反应,产生了丙二醛,丙二醛含量可以反映出羽衣甘蓝遭受损害的程度;在处理后期(6 d后),不同处理条件下的羽衣甘蓝植株叶片中丙二醛含量趋于稳定,此时丙二醛含量几乎不再上升。经复水处理后,各水分亏缺处理的羽衣甘蓝植株叶片中丙二醛含量都有下降的趋势,但仍都高于对照组,特别是重度和中度水分亏缺处理的叶片中丙二醛含量远远高于对照组。由此可见,经过一定范围和时间水分亏缺处理后,叶片丙二醛的含量有所提高,即羽衣甘蓝受到一定的伤害。

表 1-20   不同程度水分亏缺对羽衣甘蓝叶片丙二醛含量的影响

处理	丙二醛含量/$(mmol \cdot g^{-1})$			
	对照组	轻度水分亏缺	中度水分亏缺	重度水分亏缺
0 d	18.95 ± 0.0096^f	18.95 ± 0.0096^d	18.95 ± 0.0060^f	18.95 ± 0.0096^f
2 d	19.20 ± 0.0011^e	20.22 ± 0.0291^c	20.80 ± 0.1642^e	21.61 ± 0.1022^e
4 d	20.09 ± 0.0209^c	21.22 ± 0.2085^b	22.79 ± 0.0128^c	23.60 ± 0.0744^c
6 d	20.28 ± 0.0775^b	22.03 ± 0.0392^a	24.53 ± 0.0586^a	25.15 ± 0.0997^a
8 d	20.46 ± 0.1037^a	22.13 ± 0.0769^a	24.37 ± 0.0199^b	25.52 ± 0.0818^b
复水	19.52 ± 0.1120^d	20.13 ± 0.1405^c	21.44 ± 0.0884^d	22.32 ± 0.2588^d

1.3.4.5   不同程度水分亏缺对羽衣甘蓝叶片相对电导率的影响

在对照组和轻度水分亏缺、中度水分亏缺及重度水分亏缺的胁迫下,分别测得各水分亏缺处理 2 d、4 d、6 d、8 d 后及复水后羽衣甘蓝植株叶片的相对电导率值,如表 1-21 所示。从表中数据可以看出,在整个处理期间,对照组羽衣甘蓝植株叶片的相对电导率有小幅度的上升,在水分亏缺的 8 d 内,经过水分亏缺处理的羽衣甘蓝植株叶片的相对电导率逐渐增加。羽衣甘蓝外界水分条件的变化影响了羽衣甘蓝叶片细胞本身的特性。在水分亏缺的情况下,相对电导率逐渐上升,即膜透性增强和电解质渗透增加,最后导致生物膜受损。经复水处理后,各水分亏缺处理的羽衣甘蓝植株叶片相对电导率都有下降的趋势,但仍都高于对照组,特别是重度和中度水分亏缺处理的羽衣甘蓝叶片相对电导率远远高于对照组。由此可见,经过一定范围和时间水分亏缺处理后,叶片相对电导率有所提高,即羽衣甘蓝受到一定的伤害。

表 1-21 不同程度水分亏缺下羽衣甘蓝叶片的相对电导率

处理条件	相对电导率/%			
	对照组	轻度水分亏缺	中度水分亏缺	重度水分亏缺
0 d	20.61 ± 0.0005^{d}	20.56 ± 0.0004^{e}	20.56 ± 0.0005^{e}	20.56 ± 0.0005^{e}
2 d	21.05 ± 0.0010^{c}	21.32 ± 0.0019^{e}	21.88 ± 0.0027^{d}	22.29 ± 0.0027^{d}
4 d	21.37 ± 0.0020^{b}	22.09 ± 0.0015^{b}	23.14 ± 0.0022^{c}	24.34 ± 0.0032^{b}
6 d	22.07 ± 0.0008^{a}	22.73 ± 0.0059^{b}	24.04 ± 0.0005^{b}	25.46 ± 0.0007^{a}
8 d	22.21 ± 0.0006^{a}	23.06 ± 0.0009^{a}	24.54 ± 0.0083^{a}	25.74 ± 0.0030^{a}
复水	21.06 ± 0.0017^{c}	21.63 ± 0.0033^{d}	22.25 ± 0.0049^{d}	22.83 ± 0.0022^{c}

1.3.5 花青素苷的组织定位及含量、成分测定

1.3.5.1 羽衣甘蓝花青素苷的组织分布

分别取植株心叶、外叶和茎,采用徒手切片法制成临时装片,在光学显微镜下直接观察花青素苷在紫叶羽衣甘蓝"D07"和白叶羽衣甘蓝"D06"中

的分布。

从图1－1叶片横切面看,紫叶羽衣甘蓝"D07"心叶上下表皮邻近处均有一定的花青素苷细胞分布,集中积累于上表皮下部2层叶肉细胞、下表皮上部4层叶肉细胞中[图1－1(a)],含量丰富,整个心叶呈紫色;外叶中也有花青素苷分布,集中分布在上表皮下部1层叶肉细胞、下表皮上部2层叶肉细胞中[图1－1(b)],紫色层的数量在上部和下部都有所减少,表现为部分叶片呈紫色或叶脉呈紫色。在白叶羽衣甘蓝"D06"的心叶[图1－1(c)]、外叶[图1－1(d)]中均未观察到花青素苷类物质的存在,但在相同位置检测到绿色叶绿素层。

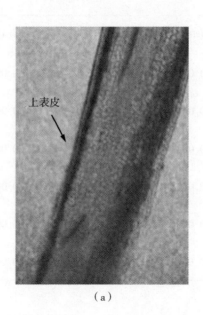

（a）

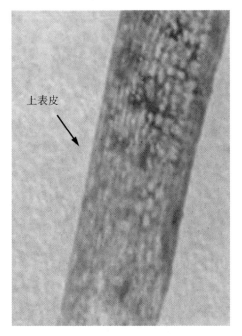

（b）

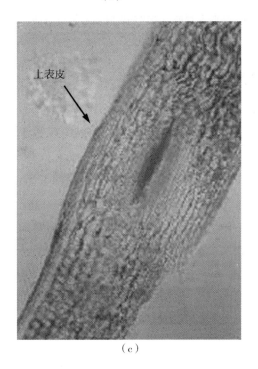

（c）

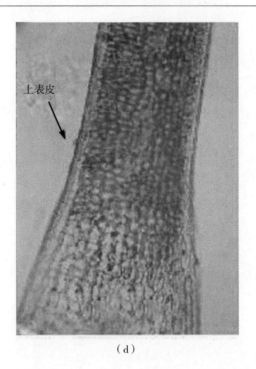

（d）

图1-1　紫叶羽衣甘蓝"D07"和白叶羽衣甘蓝"D06"叶片横切面

（a）"D07"心叶横切面；（b）"D07"外叶横切面；

（c）"D06"心叶横切面；（d）"D06"外叶横切面

在试验中发现，紫叶羽衣甘蓝上部茎、中部茎以及靠近基部的茎中都有花青素苷存在，从茎部的横切图看，花青素苷集中积累于表皮细胞及表皮下2～4层薄壁细胞，在维管组织的韧皮部细胞中没有发现花青素苷分布，整个茎外部表现为越靠近上部花青素苷分布越少[图1-2(a)]，越靠近基部花青素苷积累得越多[图1-2(b)]，紫色的程度越深。在白叶羽衣甘蓝"D06"的茎[图1-2(c)]中也未观察到花青素苷类物质的存在，仅检测到绿色叶绿素层。

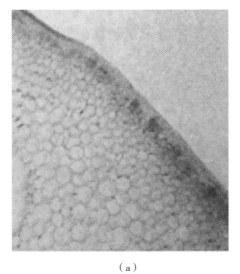

（a）

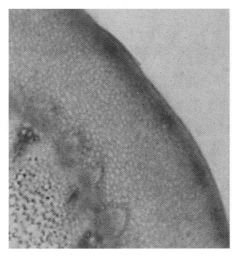

（b）

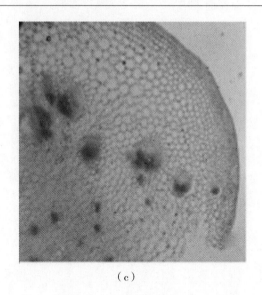

（c）

图 1 - 2　紫叶羽衣甘蓝"D07"和白叶羽衣甘蓝"D06"茎横切面
（a）"D07"上部茎横切面；（b）"D07"基部茎横切面；（c）"D06"基部茎横切面

综上所述，高水平的花青素苷在组织中积累，赋予了羽衣甘蓝华丽的紫色；相反，绿叶白心羽衣甘蓝由于绿色叶绿素层的存在，茎和外叶均为绿色，推测白色心叶的呈现与入射光线在叶片大量气泡中反复折射有关。

1.3.5.2　在不同波长下测得的吸光度值

加入浓度为 2% 的盐酸甲醇萃取剂，在 40 ℃水浴锅中水浴 20 min，测得不同波长下吸光度值，并根据公式算出对应的花青素苷提取量，结果如图 1 - 3 所示。由图 1 - 3 可以看出，在 520 ~ 550 nm 波长下，花青素苷提取量呈先上升后下降的趋势。用盐酸甲醇萃取剂提取羽衣甘蓝花青素苷，在 530 nm 波长下，花青素苷提取量为最大值，检测值为 1.128 g/L，所以盐酸甲醇萃取花青素苷的最佳波长是 530 nm。

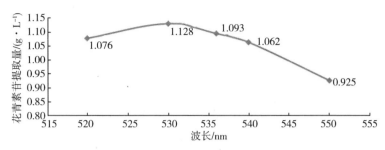

图 1 - 3　不同波长下检测花青素苷的提取量

1.3.5.3　不同浓度萃取剂对花青素苷提取量的影响

分别加入浓度为 2%、4%、6%、8% 的盐酸甲醇萃取剂,在 40 ℃水浴锅中水浴 20 min,在 530 nm 波长下检测吸光度值,并计算花青素苷的提取量,结果如图1 - 4 所示。

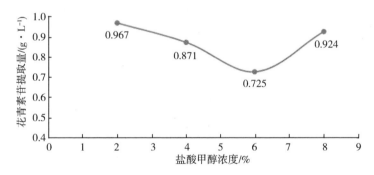

图 1 - 4　不同浓度萃取剂花青素苷提取量的测定

由图 1 - 4 可以看出,盐酸甲醇浓度在 2% ~ 6% 范围内,随着盐酸甲醇浓度的升高,花青素苷提取量在逐渐降低,在 6% 浓度时达到了最低值,提取的花青素苷含量为 0.725 g/L;当盐酸甲醇浓度超过 6% 时,花青素苷提取量有所上升。盐酸甲醇浓度为 2% 时,提取的花青素苷含量较多,检测的花青素苷含量为 0.967 g/L。

1.3.5.4 不同提取温度对花青素苷提取量的影响

加入浓度为 2% 的盐酸甲醇萃取剂,分别在 30 ℃、35 ℃、40 ℃、45 ℃、50 ℃的水浴锅中水浴 20 min,在 530 nm 波长下检测吸光度值,并计算花青素苷的提取量,结果如图 1 – 5 所示。由图 1 – 5 可以看出,在 30 ~ 60 ℃范围内,随着处理温度的上升,花青素苷提取量呈现上升趋势。在 30 ~ 40 ℃范围内,花青素苷提取量的上升趋势较为明显,在 40 ℃时达到峰值,检测的花青素苷提取量为 1.139 g/L;过了 40 ℃后花青素苷的提取量趋于稳定,并有缓慢下降趋势,这可能与高温条件下花青素苷不稳定,有部分降解有关,所以花青素苷的最佳提取温度为 40 ℃。

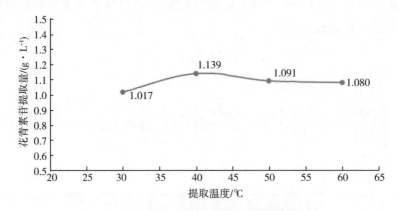

图 1 – 5　不同提取温度下花青素苷提取量的测定

1.3.5.5 不同水浴时间对花青素苷提取量的影响

加入浓度为 2% 的盐酸甲醇萃取剂,在 40 ℃的水浴锅中分别水浴 20 min、30 min、40 min、50 min、60 min,在 530 nm 波长下检测吸光度值,记录数值,计算花青素苷的提取量,结果如图 1 – 6 所示。

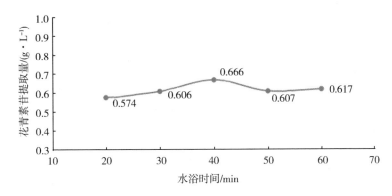

图 1-6 不同水浴时间下花青素苷提取量的测定

由图 1-6 可以看出,水浴时间在 20~60 min 范围内,随着水浴时间的增加,花青素苷的提取量先逐渐升高,当水浴时间达到 40 min 时,提取量最高,之后随着水浴时间的增加,花青素苷的提取量呈下降趋势。因此,叶片整体水浴时间以 40 min 为最佳。

1.3.5.6 优化工艺下羽衣甘蓝中花青素苷的含量测定

对图 1-3 至图 1-6 进行分析,得出该试验中羽衣甘蓝花青素苷提取的最佳工艺条件是:检测波长为 530 nm,萃取剂(盐酸甲醇溶液)的浓度为 2%,提取温度为 40 ℃,水浴时间为 40 min。在这些综合条件下对羽衣甘蓝花青素苷进行 3 次重复提取试验,得到的结果为羽衣甘蓝中所含花青素苷的总量(12.02 mg/g),如表 1-22 所示。

表 1-22 最适条件下花青素苷的含量

波长/nm	萃取剂浓度/%	提取温度/℃	水浴时间/min	花青素苷含量/(mg · g⁻¹)			平均花青素苷含量/(mg · g⁻¹)
				含量1	含量2	含量3	
530	2	40	40	11.56	12.09	12.41	12.02

1.3.5.7　温度对紫叶羽衣甘蓝花青素苷含量的影响

　　紫叶羽衣甘蓝"D07"长至莲座期后置于20 ℃和10 ℃条件下生长,15 d后分别取新鲜心叶、外叶叶片提取花青素苷,结果如图1－7所示。在20 ℃条件下生长时,心叶、外叶的花青素苷含量为0.255 mg/g 和0.024 mg/g;而在10 ℃条件下生长时,心叶、外叶的花青素苷含量为0.411 mg/g 和0.079 mg/g。试验结果表明,紫叶羽衣甘蓝"D07"在10 ℃低温环境下生长时,整株叶片(心叶和外叶)中花青素苷含量均显著高于在20 ℃条件下生长时的含量,可见低温对于花青素苷的合成有一定的促进作用。另外,无论在20 ℃还是10 ℃下生长,"D07"心叶花青素苷含量均高于外叶,说明花青素苷在植株中的分布具有发育时期的特异性。

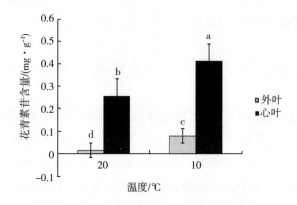

图1－7　不同温度对紫叶羽衣甘蓝"D07"心叶、外叶花青素苷含量的影响

1.3.5.8　羽衣甘蓝中花青素苷的成分测定

　　本书中,利用 HPLC－MS 技术对紫叶羽衣甘蓝心叶样品的花青素苷进行定性鉴定,该样品中一共可以检测出38 个高低不同的特征峰。这些特征峰的保留时间集中在 8~20 min。对所有的峰值进行分析,对一级质谱得到的离子峰进一步裂解,根据裂解出的碎片,得到每种单体结构对应的二级质谱碎片离子,根据化合物的保留时间、质谱裂解的分子离子、二级质谱碎片离子推测出每种单体的具体结构。

根据质谱图,在紫叶羽衣甘蓝"D07"中共鉴定出矢车菊素和飞燕草素两大类花青素苷共 9 种花青素苷(表 1 - 23),分别为矢车菊素 - 3 - 葡萄糖 - 5 - 葡糖苷、矢车菊素 - 3 - 槐糖 - 5 - 葡糖苷、矢车菊素 - 3 - 槐糖(对香豆酰) - 5 - 葡糖苷、矢车菊素 - 3 - 槐糖(咖啡酰) - 5 - 葡糖苷、矢车菊素 - 3 - 槐糖(阿魏酰) - 5 - 葡糖苷、矢车菊素 - 3 - 槐糖(草酸酰 - 对羟基苯甲酰) - 5 - 葡糖苷、矢车菊素 - 3 - 槐糖(芥子酰) - 5 - 葡糖苷、飞燕草素 - 3 - 葡糖苷和飞燕草素 - 3 - 葡萄糖(咖啡酰) - 5 - 葡糖苷,这些花青素苷的母离子质荷比分别为 287 和 303。然而,样品中并没有鉴定出母离子质荷比分别为 301、317、331 和 271 的芍药素、矮牵牛素、锦葵素和天竺葵素。由表 1 - 23 可知,紫叶羽衣甘蓝"D07"的花青素苷以高度糖基化和酰基化的花青素苷为主,而且 77% 以上的花青素苷都属于矢车菊素类衍生物。

表 1 - 23　HPLC - MS 鉴定紫叶羽衣甘蓝中花青素苷的主要成分

峰	保留时间/min	一级质荷比	二级质荷比	化合物推测
1	3.62	773	287 611 449	矢车菊素 - 3 - 槐糖 - 5 - 葡糖苷
2	5.62	919	287 449 757	矢车菊素 - 3 - 槐糖(对香豆酰) - 5 - 葡糖苷
3	5.62	935	287 449	矢车菊素 - 3 - 槐糖(咖啡酰) - 5 - 葡糖苷
4	5.62	949	287 449 787	矢车菊素 - 3 - 槐糖(阿魏酰) - 5 - 葡糖苷

续表

峰	保留 时间/min	一级 质荷比	二级 质荷比	化合物 推测
5	5.62	965	287 449	矢车菊素－3－槐糖（草酸酰－对羟基苯甲酰）－5－葡糖苷
6	7.00	465	303	飞燕草素－3－葡糖苷
7	7.44	627	303 465	飞燕草素－3－葡萄糖（咖啡酰）－5－葡糖苷
8	7.85	773	287 449 611	矢车菊素－3－槐糖－5－葡糖苷
9	7.85	935	287 449	矢车菊素－3－槐糖（咖啡酰）－5－葡糖苷
10	7.85	965	287 449	矢车菊素－3－槐糖（草酸酰－对羟基苯甲酰）－5－葡糖苷
11	8.82	773	287 449 611	矢车菊素－3－槐糖－5－葡糖苷
12	8.82	935	287 449	矢车菊素－3－槐糖（咖啡酰）－5－葡糖苷
13	8.82	965	287 449	矢车菊素－3－槐糖（草酸酰－对羟基苯甲酰）－5－葡糖苷
14	9.64	773	287 449 611	矢车菊素－3－槐糖－5－葡糖苷

续表

峰	保留 时间/min	一级 质荷比	二级 质荷比	化合物 推测
15	9.64	919	287 449 757	矢车菊素-3-槐糖（对香豆酰）-5-葡糖苷
16	9.64	949	287 449 787	矢车菊素-3-槐糖（阿魏酰）-5-葡糖苷
17	10.47	611	287 449	矢车菊素-3-葡萄糖-5-葡糖苷
18	10.47	965	287 449	矢车菊素-3-槐糖（草酸酰-对羟基苯甲酰）-5-葡糖苷
19	11.66	773	287 449 611	矢车菊素-3-槐糖-5-葡糖苷
20	11.66	919	287 449 757	矢车菊素-3-槐糖（对香豆酰）-5-葡糖苷
21	11.66	949	287 449 787	矢车菊素-3-槐糖（阿魏酰）-5-葡糖苷
22	12.65	611	287 449	矢车菊素-3-葡萄糖-5-葡糖苷
23	12.65	949	287 449 787	矢车菊素-3-槐糖（阿魏酰）-5-葡糖苷

续表

峰	保留时间/min	一级质荷比	二级质荷比	化合物推测
24	12.88	919	287 449 757	矢车菊素－3－槐糖（对香豆酰）－5－葡糖苷
25	12.88	949	287 449 787	矢车菊素－3－槐糖（阿魏酰）－5－葡糖苷
26	13.40	919	287 449 787	矢车菊素－3－槐糖（对香豆酰）－5－葡糖苷
27	13.40	611	287 449	矢车菊素－3－葡萄糖－5－葡糖苷
28	13.93	919	287 449 757	矢车菊素－3－槐糖（对香豆酰）－5－葡糖苷
29	13.93	949	287 449 787	矢车菊素－3－槐糖（阿魏酰）－5－葡糖苷
30	14.35	611	287 449	矢车菊素－3－葡萄糖－5－葡糖苷
31	14.67	965	287 449	矢车菊素－3－槐糖（草酸酰－对羟基苯甲酰）－5－葡糖苷
32	14.85	965	287 449	矢车菊素－3－槐糖（草酸酰－对羟基苯甲酰）－5－葡糖苷

续表

峰	保留 时间/min	一级 质荷比	二级 质荷比	化合物 推测
33	16.12	919	287 449 757	矢车菊素－3－槐糖（对香豆酰）－5－葡糖苷
34	16.81	965	287 449	矢车菊素－3－槐糖（草酸酰－对羟基苯甲酰）－5－葡糖苷
35	17.09	949	287 449 787	矢车菊素－3－槐糖（阿魏酰）－5－葡糖苷
36	18.07	979	287 449 817	矢车菊素－3－槐糖（芥子酰）－5－葡糖苷
37	18.25	611	287 449	矢车菊素－3－葡萄糖－5－葡糖苷
38	18.58	979	287 449 817	矢车菊素－3－槐糖（芥子酰）－5－葡糖苷

1.4 讨论

1.4.1 盐胁迫对羽衣甘蓝发芽率及幼苗生长状况的影响

在本试验中,配制不同浓度 NaCl 溶液对羽衣甘蓝进行催芽,观察、记录其发芽情况,并计算发芽率等指标。待种子发芽后播种于土壤中,每天用不同浓度 NaCl 溶液浇灌。在生长发育阶段继续用同浓度 NaCl 溶液浇灌,使其完全在不同盐胁迫条件下生长发育,生长 20 d 后,测定其生长指标,记录根长、苗高、鲜重、干重等,之后测定其生理指标,记录叶绿素含量、丙二醛含量以及过氧化物酶活性等。试验中设定 3 次重复,以减小试验误差。

在羽衣甘蓝种子发芽期间,种子的发芽率作为反映羽衣甘蓝耐盐性最常用的数据,仅仅能得出盐胁迫对其发芽的影响,不能很直观地看出种子的活力;而发芽势可以反映这一指标。NaCl 溶液处理后种子萌发数目的多少经常会受种子本身性状的影响,不同种子的发芽情况会有所不同,为了避免不同种子自身所具有的差异带来的影响,在试验中需要通过计算相对发芽率及发芽指数等进行讨论,从而得出结论。在较低盐浓度下,盐胁迫对羽衣甘蓝种子的萌发没有显著的影响,比如在无盐胁迫和 0.4% NaCl 浓度下羽衣甘蓝种子发芽率都很高,而处于高 NaCl 浓度下,羽衣甘蓝种子不容易发芽。这种情况大多是因为盐胁迫对羽衣甘蓝种子形成了毒害作用,造成了植物体内混乱,最终阻碍了它的生长;也可能是因为盐胁迫阻碍了植物的吸水作用,高浓度的 NaCl 溶液使植物的外膜损伤,然后细胞中的溶质流出,出现抑制发芽的情况;或者是盐胁迫过于显著,使植物体中的钾和钙等矿物质的含量迅速减少,矿物质元素不充足,从而导致植物体内的紊乱。

试验中,在较低 NaCl 浓度下,羽衣甘蓝的各项生长指标逐渐降低,并且低于对照组,但干重会先增加后降低,这可能是由于幼苗中的水分随 NaCl 浓度增加而逐渐减少,烘干幼苗后,水分蒸发,干物质质量随 NaCl 浓度增加而逐渐增加。在植物生长发育过程中,过高浓度的盐分会阻碍植物生长,使植物的生物量逐渐下降。土壤中盐浓度过高会造成植物的渗透胁迫,破坏营养元素的平衡,使植物在生长发育过程中出现生理变化,阻碍植物的新陈代谢,使植物的生长发育停滞。

在试验中,测定叶绿素含量是最直观的观察植物生长发育状况的方法,同时叶绿素含量也可以用来鉴定植物的活力(张友胜等,2009)。在光合作用过程中,叶绿素是重要的色素分子,植株中的色素含量和比例在光合作用过程中具有重要的地位。NaCl 浓度越高,叶绿素含量越低,且均低于对照组的叶绿素含量。处于不同浓度 NaCl 胁迫下,叶绿素的含量、叶绿素 a 的含量、叶绿素 b 的含量、类胡萝卜素的含量均比对照组低。过氧化物酶在细胞中起到保护的作用,是避免植物受伤的第三道防线,盐胁迫下,依然能够使植物正常生长。NaCl 溶液浓度越高,幼苗的过氧化物酶活性会上升,之后达到一定浓度后会下降,在 NaCl 浓度为 0.8% 时过氧化物酶活性最高,表明在这时能够有效地提高过氧化物酶活性,在生长发育过程中出现的过氧化物可以通过这时的盐浓度得到有效的控制,并且显著增加植物的耐盐能力。通常,一旦盐浓度增加,过氧化物酶活性也会增加,不过在此试验中,当盐浓度再升高时,过氧化物酶活性则会降低,所以,盐胁迫会使羽衣甘蓝超过其保护酶系统的耐受极限,最终过氧化物酶的活性就会有一定程度的降低。在膜脂过氧化的过程中,丙二醛就是这一过程最终所得到的物质,具有一定的毒性,通常会使膜脂失去活性。当丙二醛含量增加时,膜脂的反应水平提升,丙二醛含量越高,植物的抗逆性也就越差。在试验中,丙二醛含量在低浓度的 NaCl 胁迫下比对照组的要高,而随着 NaCl 浓度增加,其含量会降低。低盐胁迫下,羽衣甘蓝在幼苗期时发生这样的情况大概是由于 Na^+ 的增加对羽衣甘蓝生长发育有一定的好处。

1.4.2　H_2O_2 对盐胁迫下羽衣甘蓝幼苗生长的影响

在植物生长过程中进行盐胁迫处理,同时加入 H_2O_2 溶液,对羽衣甘蓝蛋白质含量、叶绿素含量、类胡萝卜素含量、过氧化物酶活性以及相对电导率进行测定,研究羽衣甘蓝在不同处理条件下生理特性的变化。

在羽衣甘蓝植株生长到 10 ~ 15 cm 时停止浇水,开始在加入 100 mmol/L NaCl 溶液的羽衣甘蓝中同时加入不同浓度的 H_2O_2 溶液进行处理。结果表明,当 H_2O_2 溶液浓度达到 0.05% 时,叶绿素含量、类胡萝卜素含量与过氧化物酶活性均达到最大,当 H_2O_2 浓度大于 0.05% 时,羽衣甘蓝中叶绿素含量、类胡萝卜素含量与过氧化物酶活性有所下降;在相同盐胁迫处理条件下,当 H_2O_2 浓度达到最大时,蛋白质含量和相对电导率均达到最大值。

在盐胁迫下,羽衣甘蓝幼苗的生理特性会受到一定的影响,加入一定浓度的 H_2O_2 溶液会减弱盐胁迫对羽衣甘蓝幼苗的影响。本章试验得出的结果与李伟等(2017)的研究结果一致,H_2O_2 在羽衣甘蓝盐胁迫过程中可能发挥了某种信号作用,参与或者影响了盐胁迫信号转导过程,从而在一定程度上缓解了盐胁迫对羽衣甘蓝幼苗生长的抑制作用。由结果可知,在盐胁迫条件下,H_2O_2 参与羽衣甘蓝抗氧化酶活性的调节,同时也参与抗氧化酶基因表达调控,它可能是盐胁迫诱导的羽衣甘蓝叶片抗氧化防护系统的重要调控因子。

1.4.3　高温胁迫对羽衣甘蓝生理特性的影响

高温能够使植物的生长和发育受到影响。本章试验结果表明,高温影响了羽衣甘蓝的生长发育,这与之前的研究结果是相吻合的。植物体内叶绿素含量的高低能够直接影响光合作用的快慢和物质合成速率的大小,因此叶绿素是光合作用的物质基础。根据前人研究可以知道,高温处理能够降低叶绿素生成量,使叶绿素的含量在植物体内降低。本章试验结果显示,随着高温处理时间的延长,羽衣甘蓝的叶绿素含量呈现逐渐减少的趋势,但是 F_2 代表现型为紫叶的羽衣甘蓝植株的叶绿素含量仍然高于 F_2 代表现型为白叶的羽衣甘蓝植株叶绿素含量。蛋白质是植物体内主要的渗透调节物质,当植物处于高温、干旱、霜冻、强光以及富含重金属等恶劣环境时,蛋白质能够影响植物细胞的内外渗透平衡,使细胞内的各项生理指标趋于稳定、平衡,去除活性氧(李大红等,2015)。又因为氧化酶系统在许多细胞器里能

够使 O_2^- 通过反应转换为 H_2O_2,所以抗氧化酶系统可以清除恶劣环境条件下累积的活性氧。植物体内的抗氧化酶系统主要是由超氧化物歧化酶和过氧化物酶组成的,植物体内的抗氧化酶系统能够提高植物体对高温、干旱、霜冻等恶劣环境胁迫的抗性。过氧化物酶是生物体中一种十分重要的抗氧化酶,在生物体内分布广泛。在植物体中所有抵抗不同环境胁迫的生理生化反应中几乎都有过氧化物酶的参与,过氧化物酶的存在能够在很大程度上抵制活性氧或其他过氧化反应。

研究结果表明,在 39 ℃高温处理条件下,羽衣甘蓝植株的过氧化物酶活性在处理第 2 天时升高,而第 2 天以后逐渐降低,但是仍然比对照组过氧化物酶活性高。由此可知,不同表现型羽衣甘蓝在高温处理条件下过氧化物酶的活性增强,并且 F_2 代表现型为紫叶的羽衣甘蓝植株的过氧化物酶活性高于 F_2 代表现型为白叶的羽衣甘蓝植株。因此,表现型为紫叶的羽衣甘蓝植株在长期高温环境下的细胞平衡系统强度高于表现型为白叶的羽衣甘蓝植株,紫叶羽衣甘蓝对逆境的忍受程度更高,所以抗高温能力较强,而表现型为白叶的羽衣甘蓝植株平衡系统可能较弱,对逆境忍受程度不高,所以抗高温能力较弱。许多研究表明,细胞膜结构首先会在长时间高温条件下受到损伤,导致细胞的内容物向外渗出,故而影响细胞膜的热稳定性,即高温胁迫下细胞的相对电导率直接反映植物的耐热程度(李大红等,2015)。抗热力强的植株电解质向外渗出的比率低,相对电导率值上升较为缓慢;而抗热力弱的植株电解质外渗比率高,相对电导率上升速率较快。本书中,在高温胁迫下,表现型为紫叶的羽衣甘蓝植株的相对电导率低于表现型为白叶的羽衣甘蓝植株。综上所述,F_2 代羽衣甘蓝幼苗在高温条件下通过增加细胞渗透调节物质含量,减少水分流失,平衡细胞质与液泡间的渗透势,同时提高保护酶的含量和活性,清除机体内的活性氧,降低膜脂过氧化作用,减轻对植物细胞的伤害,来增强其对高温环境的适应能力。

1.4.4　水分亏缺对羽衣甘蓝生理特性的影响

在水分亏缺的过程中,通过称重的方法将栽培的土壤含水量稳定在一定的数值内,在称量时,若土壤含水量低于要求设定的最小值,则灌水至最大值。在试验中采用电导法测定羽衣甘蓝叶片相对电导率,采用烘干法测定羽衣甘蓝叶片相对含水率,使用分光光度计测定羽衣甘蓝叶片中叶绿素及类胡萝卜素的含量,采用硫代巴比妥酸法测定羽衣甘蓝叶片中丙二醛的含量。

在测定相对含水率的时候,将材料分成两份,一份测干重,一份测饱和鲜重,试验中可能会由于两份叶片本身的不同而产生一部分误差。在测定叶绿素含量和类胡萝卜素含量的时候,出于保护色素的目的,需要将处理好的溶液置于阴暗处保存。使用分光光度计时,需要注意以下几点:一是比色皿的光滑面是用于透光的,要随时保持比色皿的光滑面洁净,手接触的一定是麻面而不能是光滑面;二是比色皿中放入的液体体积不能超过比色皿容积的2/3;三是要用对照液调零分光光度计;四是在测定的时候如果需要更换待测溶液,一定要将分光光度计的盖子盖住,使仪器内保持黑暗环境以保证溶液其他的环境变量不变。在测定丙二醛含量时,其中有一个步骤需要进行沸水浴,一般这个过程需要 10 ~ 15 min,由于时间长短不同,提取到的丙二醛含量也不相同,在这里进行了多次预试验,以 13 min 为最佳时间,此时提取到的丙二醛含量最高,以试管中开始出现小气泡为计时点。在沸水浴的过程中会挥发一定量的溶液,可将试管口用棉塞塞住。测定相对电导率时,首先测定的是初电导率,时间一般为 3 ~ 4 h,由于处理叶片时间长短不同,测得的初电导率也不相同,进行多次重复试验,得出结论为处理 3 h 即可。

该试验中样品均为羽衣甘蓝,长势、株高均大致相同,除了水分亏缺处理的时间及程度不同,其他条件均保持一致,均在 25 ℃ 下进行光照培养,以此保证试验处理的准确性。在培养羽衣甘蓝植株的过程中,有蚜虫为害的情况,因为材料在处理过程中,所以未使用农药防治害虫,而是用棉签将植株上的害虫蘸取下来,对于因太小而蘸取不到的蚜虫,用牙签将其取下防止继续为害。

1.4.5　花青素苷的组织定位及含量、成分测定

本试验以盐酸甲醇为萃取剂,先选定花青素苷,在盐酸甲醇溶剂中利用

分光光度计测量不同波长下花青素苷含量,以确定萃取花青素苷的最佳波长,然后利用单一变量原则,选出最适宜的盐酸甲醇浓度(2%)、提取温度(40 ℃)、水浴时间(40 min),在最适条件下检测羽衣甘蓝花青素苷的提取量,然后利用 HPLC - MS 液质联用技术,对花青素苷的成分进行分析,测出质谱流图,检测峰值后根据一级质谱的分子离子与二级质谱的碎片离子的对应,推算出羽衣甘蓝的组成成分。在萃取剂的选择上,选择了盐酸甲醇,因为甲醇作为萃取剂,可以有效减少极性较小的杂质对花青素苷纯度的影响,色素的产量高且能保持色素的原始状态,乙醇相比之下会差一些,但甲醇有毒,提取的色素不能用于食品着色。

不同植物花青素苷在植株中分布存在一定的差异。非洲菊(*Gerbera jamesonii* Bolus)花瓣中花青素苷主要分布于栅栏组织,只有很少量花青素苷分布于上下表皮(陈建,2010);彩叶草中含有的花青素苷则集中积累于叶片上表皮细胞内(罗兰,2007);紫叶突变甘蓝型油菜(*Brassica napus*)的花青素苷分布在呈色的叶面表皮细胞层,花青素苷分布密度随着叶色变浅而降低(李海渤,2015)。即使同属于芸薹属植物,各种类植物的组织分布特征也有所不同。紫甘蓝、紫色芜菁叶片中花青素苷集中分布于表皮细胞(Yuan 等,2009);紫色白菜叶片的花青素苷仅分布于上表皮细胞(郭宁等,2014);紫色花椰菜幼叶表皮下的细胞是花青素苷的主要分布区(Chiu 等,2012);而紫心大白菜叶片表皮细胞及表皮邻近的叶肉细胞中均有花青素苷(段岩娇,2012)。

本章中,紫叶羽衣甘蓝外叶和心叶中花青素苷主要分布于上表皮下的 1～2 层叶肉细胞、下表皮上的 2～4 层叶肉细胞中,表皮细胞中并未观察到花青素苷的存在,与紫色花椰菜花青素苷的组织分布特征一致,而紫叶羽衣甘蓝茎中花青素苷的分布特征与紫心大白菜叶片中花青素苷分布特征类似,集中积累于表皮细胞及表皮下 2～4 层薄壁细胞。在不同植物中的分布差异可能与花青素苷的合成机制和贮运方式有关。

芸薹属植物中花青素苷被鉴定出来的种类越来越多,紫色不结球小白菜(*Brassica rapa* L. ssp. *chinensis*)中就有 20 种左右的花青素苷被鉴定出来,以矢车菊素－3－槐糖(丙二酰)－5－阿拉伯糖(对羟基苯甲酰)和矢车菊素－3－芸香糖(芥子酰化的咖啡酰)－5－葡萄糖为主(Lin 等,2008);而在紫色花椰菜(*Brassica oleracea* L. var. *botrytis*)中鉴定出以矢车菊素－3－槐糖(对香豆酰)－5－葡糖苷为主要成分的约10种花青素苷(Lo Scalzo等,2008);紫色芥蓝(*Brassica juncea var. tumida* Tsen et Lee)中以矢车菊素－3－槐糖(芥子酰化阿魏酰)－5－葡萄糖(丙二酰)和矢车菊素－3－槐糖(阿魏酰)－5－葡萄糖(丙二酰)两种花青素苷含量居多(Xie等,2014);Zhu等(2017)曾报道在羽衣甘蓝中鉴定出8种花青素苷成分,其中矢车菊素－3－双糖(芥子酰阿魏酰)－5－葡萄糖含量最高,其次是矢车菊素－3－双糖(芥子酰)－5－葡萄糖。以上研究中鉴定出的花青素苷大部分以矢车菊素为主。本章从紫叶羽衣甘蓝纯系中检测到9种花青素苷组分,以矢车菊素为主,几种主要成分均为矢车菊素－3－槐糖－5－葡糖苷3号位被不同有机酸酰基化的衍生物,此外还含有飞燕草素－3－葡糖苷和飞燕草素－3－葡萄糖(咖啡酰)－5－葡糖苷2种飞燕草素成分。研究结果为进一步分析羽衣甘蓝花青素苷合成机制以及培育富含花青素苷的羽衣甘蓝新品种提供了重要的理论依据。

1.5 结论

1.5.1 盐胁迫对羽衣甘蓝发芽率及幼苗生长状况的影响

本章以"苏格兰"品种羽衣甘蓝幼苗为试材,在不同浓度 NaCl 溶液条件下培养羽衣甘蓝种子,测得羽衣甘蓝发芽率、发芽势、发芽指数、相对发芽率、相对盐害率、相对发芽指数、苗高、根长、鲜重、干重、叶绿素含量、丙二醛含量、过氧化物酶活性。试验的结论如下:

(1)NaCl 浓度越高,羽衣甘蓝发芽率、发芽势、发芽指数、相对发芽率、相对发芽指数越低,相对盐害率越高。

(2)NaCl 浓度提高,羽衣甘蓝的幼苗根长、苗高呈现降低的趋势,鲜重减小,干重先增加后降低。

(3)NaCl 浓度提高,羽衣甘蓝叶绿素含量随之降低,过氧化物酶活性呈现先上升后下降的趋势,丙二醛含量先升高后降低。

1.5.2　H_2O_2 对盐胁迫下羽衣甘蓝幼苗生长的影响

试验以紫叶羽衣甘蓝"D07"与白叶羽衣甘蓝"D06"杂交所得的 F_2 代羽衣甘蓝幼苗期叶片为试材,通过单因素试验测定不同因素变化条件下羽衣甘蓝蛋白质含量、叶绿素含量、类胡萝卜素含量、过氧化物酶活性、相对电导率,用 Excel 作图进行分析。得出试验结论如下:

(1)盐胁迫下随着加入的 H_2O_2 溶液浓度的不断升高,羽衣甘蓝蛋白质含量不断增加,说明 H_2O_2 溶液对盐胁迫下的羽衣甘蓝蛋白质合成有促进作用。

(2)盐胁迫下加入 0.05% H_2O_2 溶液提取出的叶绿素含量最高,说明一定浓度的 H_2O_2 溶液能促进盐胁迫下羽衣甘蓝中叶绿素的合成,但较高浓度的 H_2O_2 溶液会抑制叶绿素的合成。

(3)盐胁迫下加入 0.05% H_2O_2 溶液提取出的类胡萝卜素含量最高,说明一定浓度的 H_2O_2 溶液能促进盐胁迫下羽衣甘蓝中类胡萝卜素的合成,但较高浓度的 H_2O_2 溶液会抑制类胡萝卜素的合成。

(4)盐胁迫下随着加入的 H_2O_2 溶液浓度的不断升高,羽衣甘蓝相对电导率不断增加,细胞质膜透性不断增大,细胞质膜受损的程度随着 H_2O_2 溶液浓度的增加不断加剧。

(5)盐胁迫下加入 0.05% H_2O_2 溶液过氧化物酶活性最高,随着加入的 H_2O_2 溶液浓度升高,过氧化物酶活性不断下降,说明在一定浓度下 H_2O_2 溶液能够提高羽衣甘蓝过氧化物酶活性,但当浓度较高时会加重羽衣甘蓝所受的盐胁迫的伤害。

(6)在同种条件处理下,白叶羽衣甘蓝的生理指标明显低于紫叶羽衣甘蓝,可知,紫叶羽衣甘蓝的抗逆性高于白叶羽衣甘蓝。

1.5.3 高温胁迫对羽衣甘蓝生理特性的影响

以紫叶羽衣甘蓝"D07"和白叶羽衣甘蓝"D06"为亲本杂交的 F_2 代羽衣甘蓝作为材料,通过单因素试验研究高温胁迫下羽衣甘蓝叶绿素含量、类胡萝卜素含量、蛋白质含量、相对电导率以及过氧化物酶活性的变化。结论如下:

(1)随着高温处理时间的延长,羽衣甘蓝的叶绿素含量呈现逐渐下降的趋势,且表现型为紫叶的羽衣甘蓝植株叶绿素含量始终高于表现型为白叶的羽衣甘蓝植株。

(2)高温胁迫下羽衣甘蓝叶片的过氧化物酶活性先升高后降低,在第二天达到最高值,两天后逐渐下降,且白叶羽衣甘蓝植株的过氧化物酶活性比紫叶羽衣甘蓝植株下降得更快。

(3)高温胁迫下羽衣甘蓝叶片的类胡萝卜素含量先升高后降低,在第二天达到最高值,两天后逐渐下降,且表现型为紫叶的羽衣甘蓝植株的类胡萝卜素含量始终高于表现型为白叶的羽衣甘蓝植株。

(4)随着高温处理时间的延长,羽衣甘蓝的蛋白质含量呈现逐渐上升趋势,且表现型为紫叶的羽衣甘蓝植株的蛋白质含量始终低于表现型为白叶的羽衣甘蓝植株。

(5)随着高温处理时间的延长,羽衣甘蓝的相对电导率呈现逐渐上升的趋势,且表现型为紫叶的羽衣甘蓝植株相对电导率始终低于表现型为白叶的羽衣甘蓝植株。

(6)紫叶的 F_2 代羽衣甘蓝植株相对于白叶的 F_2 代羽衣甘蓝植株在长时间高温条件下的生理机制更稳定,抗高温能力更强。

1.5.4 水分亏缺对羽衣甘蓝生理特性的影响

试验以由纯系得来的 F_2 代种子种植的羽衣甘蓝为材料,研究不同水分亏缺处理条件下羽衣甘蓝生理特性的变化,分别测定羽衣甘蓝叶片中的丙二醛含量、可溶性蛋白质含量、叶绿素含量及相对含水率。分析处理后的数

据,并绘制折线图,再对数据进行方差与差异显著性检验,获得数据表,得到各指标的变化规律。结论如下:

(1)水分亏缺处理下,羽衣甘蓝叶片中相对含水率是伴随着水分亏缺处理程度的加深和时间的增长而降低的;复水处理后,叶片的相对含水率有所增加,但中度和重度水分亏缺处理下的羽衣甘蓝叶片相对含水率依旧显著低于对照组。

(2)水分亏缺处理下,羽衣甘蓝叶片中叶绿素含量和类胡萝卜素含量是伴随着水分亏缺处理程度的加深和时间的增长而增加的,但是在第 6 天后便不再增加,甚至出现稍微降低的现象;复水处理后,叶片中叶绿素含量和类胡萝卜素含量降低较多,但中度和重度水分亏缺处理下的羽衣甘蓝叶片中叶绿素含量和类胡萝卜素含量依旧显著高于对照组。

(3)水分亏缺处理下,随着水分亏缺处理程度的加深和时间的增长,羽衣甘蓝叶片中相对电导率上升,丙二醛含量增加;复水处理后,叶片中相对电导率和丙二醛含量降低较多,但中度和重度水分亏缺处理下的羽衣甘蓝叶片中相对电导率和丙二醛含量依旧显著高于对照组。

(4)通过水分亏缺处理再复水的试验,羽衣甘蓝植株体内的相对含水率有所降低,在有效范围内,植物体内的相对含水率越小,抗旱性能就越好;叶绿素和类胡萝卜素的含量是增加的,这样有助于植株进行光合作用;丙二醛含量的增加和相对电导率的上升对植株的生长不利,但复水后可以被修复。因此,由这些指标可以看出水分亏缺处理试验显著提高了羽衣甘蓝的抗旱性。

1.5.5　花青素苷的组织定位及含量、成分测定

本章以紫叶羽衣甘蓝和白叶羽衣甘蓝观赏期叶片为材料,通过盐酸甲醇萃取剂对花青素苷进行提取,用分光光度计测定花青素苷含量,并利用 HPLC – MS 液质联用技术对其成分进行测定,徒手切片观察花青素苷在组织中的定位,并研究了低温处理对花青素苷含量的影响。结论如下:

(1)通过徒手切片制作临时装片,在光学显微镜下观察紫叶羽衣甘蓝和白叶羽衣甘蓝纯系茎、叶中花青素苷的分布情况,测定紫叶羽衣甘蓝叶片中

花青素苷的相对含量,并通过 HPLC – MS 液质联用技术对叶片中花青素苷成分进行分析。结果表明,花青素苷主要分布于叶表皮细胞邻近的叶肉细胞,并以下表皮邻近叶肉细胞居多,茎中花青素苷集中分布在表皮细胞及表皮下的薄壁细胞中,整个茎表现为越靠近上部花青素苷分布越少;白叶羽衣甘蓝心叶、外叶和茎中均未观察到花青素苷类物质的存在,但在相同位置检测到叶绿素层。在 10 ℃低温环境下生长的羽衣甘蓝植株,叶片(内叶和外叶)中花青素苷含量均显著高于在 20 ℃下生长的羽衣甘蓝植株。

(2)检测出盐酸甲醇萃取剂最适的波长为 530 nm,盐酸甲醇的浓度为2%,最适提取温度为 40 ℃,最佳水浴时间为 40 min,在这些综合条件之下对羽衣甘蓝花青素苷进行提取,得到羽衣甘蓝中所含花青素苷总量为12.02 mg/g。

(3)利用 HPLC – MS 液质联用技术,测出质谱流图,检测峰值后根据一级质谱的分子离子与二级质谱的碎片离子的对应,检测出 9 种花青素苷的成分,分别为矢车菊素 – 3 – 葡萄糖 – 5 – 葡糖苷、矢车菊素 – 3 – 槐糖 – 5 – 葡糖苷、矢车菊素 – 3 – 槐糖(对香豆酰) – 5 – 葡糖苷、矢车菊素 – 3 – 槐糖(咖啡酰) – 5 – 葡糖苷、矢车菊素 – 3 – 槐糖(阿魏酰) – 5 – 葡糖苷、矢车菊素 – 3 – 槐糖(草酸酰 – 对羟基苯甲酰) – 5 – 葡糖苷、矢车菊素 – 3 – 槐糖(芥子酰) – 5 – 葡糖苷、飞燕草素 – 3 – 葡糖苷和飞燕草素 – 3 – 葡萄糖(咖啡酰) – 5 – 葡糖苷。

参考文献

[1]Acevedo E,Hsiao T C,Henderson D W. Immediate and subsequent growth responses of maize leaves to changes in water status[J]. Plant Physiology, 1971,48(5):631 – 636.

[2]Bombardelli E , Curri S B , Loggia R D ,et al. Complexes between phospholipids and vegetal derivatives of biological interest[J]. Fitoterapia,1989, 60:1 – 9.

[3]Bright J,Desikan R,Hancock J T,et al. ABA – induced NO generation and stomatal closure in Arabidopsis are dependent on H_2O_2 synthesis[J]. The Plant Journal:for Cell and Molecular Biology,2006,45(1):113 – 122.

[4]Cabrita L,Fossen T, Andersen M. Colour and stability of the six common anthocyanidin 3 – glucosides in aqueous solutions[J]. Food Chemistry,2000, 68(1):101 – 107.

[5]Dyrby M, Westergaard N, Stapelfeldt H. Light and heat sensitivity of red cabbage extract in soft drink model systems[J]. Food Chemistry,2001,72 (4):431 – 437.

[6]Giusti M M,Rodríguez – Saona L E,Wrolstad R E. Molar absorptivity and color characteristics of acylated and non – acylated pelargonidin – based anthocyanins[J]. Journal of Agricultural and Food Chemistry,1999,47(11): 4631 – 4637.

[7]Laloi C, Apel K, Danon A. Reactive oxygen signalling:The latest news[J]. Current Opinion in Plant Biology,2004,7(3):323 – 328.

[8]Li S W, Xue L G, Xu S J, et al. Hydrogen peroxide acts as a signal molecule in the adventitious root formation of mung bean seedlings[J]. Environmental and Experimental Botany,2009,65(1):63 – 71.

[9]Munns R, Tester M. Mechanisms of salinity tolerance[J]. Annual Review of Plant Biology,2008,59:651 – 681.

[10]Neill S J,Desikan R,Clarke A, et al. Hydrogen peroxide and nitric oxide as signalling molecules in plants [J]. Journal of Experimental Botany, 2002,53(372):1237 – 1247.

[11]Ochoa M R, Kesseler A G, Michelis A D, et al. Kinetics of colour change of raspberry, sweet (Prunus avium) and sour (Prunus cerasus) cherries preserves packed in glass containers:Light and room temperature effects [J]. Journal of Food Engineering,2001,49(1):55 – 62.

[12]Parihar P, Singh S, Singh R, et al. Effect of salinity stress on plants and its tolerance strategies:A review[J]. Environmental Science and Pollution Research International,2015,22(6):4065 – 4075.

[13] Veggi P C, Santos D T, Meireles M A. Anthocyanin extraction from Jabuti-caba (Myrciaria cauliflora) skins by different techniques: Economic evalua-tion[J]. Procedia Food Science, 2011(1): 1725 – 1731.

[14] Routray W, Orsat V. Microwave – assisted extraction of flavonoids: A Re-view[J]. Food and Bioprocess Technology, 2012, 5(2): 409 – 424.

[15] Saibl H S, Westgate M E. Reproductive development in grain crops during drought[J]. Advances in Agronomy, 1999(68): 59 – 96.

[16] Subramanian V B, Maheswar J M. Compensatory growth responses during reproductive phase of cowpea after relief of water stress[J]. Journal of Ag-ronomy and Crop Science, 1992, 168(2): 85 – 90.

[17] Truong V D, Deighton N, Thompson R T, et al. Characterization of antho-cyanins and anthocyanidins in purple – fleshed sweetpotatoes by HPLC – DAD/ESI – MS/MS[J]. Journal of Agricultural and Food Chemistry, 2010, 58(1): 404 – 410.

[18] Vilkhu K, Mawson R, Simons L, et al. Applications and opportunities for ultrasound assisted extraction in the food industry: A review[J]. Innovative Food Science and Emerging Technologies, 2008, 9(2): 161 – 169.

[19] Abdul W, Mubaraka P, Sadia G, et al. Pretreatment of seed with H_2O_2 im-proves salt tolerance of wheat seedlings by alleviation of oxidative damage and expression of stress proteins[J]. Journal of Plant Physiology, 2007, 164 (3): 283 – 294.

[20] Wang W D, Xu S Y. Degradation kinetics of anthocyanins in blackberry juice and concentrate [J]. Journal of Food Engineering, 2007, 82(3): 271 – 275.

[21] Wenkert W, Lemon E R, Sinclair T R. Leaf elongation and turgor pressure in field – grown soybean[J]. Agronomy Journal, 1978, 70(5): 761 – 764.

[22] 鲍永华, 郭永臣, 郭延君, 等. 原花青素对 SMMC – 7721 肿瘤细胞凋亡及其端粒酶活性的影响[J]. 西北农林科技大学学报(自然科学版), 2007(1): 37 – 40.

[23] 卜庆雁, 周晏起. 果树抗旱性研究进展[J]. 北方果树, 2001(6): 1 – 3.

[24]陈晓远,罗远培. 土壤水分变动对冬小麦生长动态的影响[J]. 中国农业科学,2001,34(4):403－409.

[25]崔建,李晓岩. 花青素抗肿瘤作用机制研究进展[J]. 食品科学,2014,35(13):310－315.

[26]崔兴国,芦站根. 不同钠盐胁迫对益母草种子发芽的影响[J]. 湖北农业科学,2011,50(22):4657－4659,4663.

[27]定航,文英. 植物花色的科学[J]. 云南农业,1997(3):32.

[28]杜凌,吴楠,董万鹏,等. 高温胁迫对淡黄花百合幼苗生理指标的影响[J]. 种子,2016,35(11):76－78.

[29]曹云英,段骅,王志琴,等. 高温对水稻叶片蛋白质表达的影响[J]. 生态学报,2010,30(22):6009－6018.

[30]段玉清,谢笔钧. 原花青素在化妆品领域的研究与开发现状[J]. 香料香精化妆品,2002(6):23－26.

[31]耿健. 观赏海棠花青素代谢途径与产物的研究[D]. 重庆:西南大学,2011.

[32]谷文英,莫平华,杨江山,等. 外源一氧化氮和过氧化氢调节菊苣盐适应性[J]. 生态学杂志,2014,33(1):89－97.

[33]关义新,戴俊英,徐世昌,等. 玉米花期干旱及复水对植株补偿生长及产量的影响[J]. 作物学报,1997(6):740－745.

[34]郭贤仕,山仑. 前期干旱锻炼对谷子水分利用效率的影响[J]. 作物学报,1994(3):352－356.

[35]郭相平,康绍忠. 玉米调亏灌溉的后效性[J]. 农业工程学报,2000(4):58－60.

[36]韩雪,孟玉彩,马蕾,等. 蔷薇红景天低聚体原花青素的稳定性和抗衰老研究[J]. 食品工业科技,2017,38(5):120－123,129.

[37]郝树荣,郭相平,张展羽. 作物干旱胁迫及复水的补偿效应研究进展[J]. 水利水电科技进展,2009,29(1):81－84.

[38]何开跃,郭春梅. 盐胁迫对 3 种竹子体内 SOD,POD 活性的影响[J]. 江苏林业科技,1995(4):11－14.

[39]何晓明,林毓娥,陈清华,等. 高温对黄瓜幼苗生长、脯氨酸含量及 SOD

酶活性的影响[J]. 上海交通大学学报(农业科学版),2002,20(1):
30 - 33.

[40]胡宝忱,艾军,郭守东,等. 盐胁迫对玉米幼苗生长的影响[J]. 杂粮作
物,2008(3):166 - 168.

[41]黄芯婷. 黄瑞木果实红色素提取、分离及化学成分研究[D]. 福州:福
建师范大学,2006.

[42]姬谦龙. 不同基因型美国黑核桃对干旱胁迫的适应机制研究[D]. 泰
安:山东农业大学,2002.

[43]贾开志,陈贵林. 高温胁迫下不同茄子品种幼苗耐热性研究[J]. 生态
学杂志,2005,24(4):398 - 401.

[44]荆家海,肖庆德. 水分胁迫和胁迫后复水对玉米叶片生长速率的影
响[J]. 植物生理学报,1987,13(1):51 - 57.

[45]兰益,申晓萍,刘勇. 不同浓度外源过氧化氢对小菊扦插生根的影
响[J]. 广西农学报,2014,29(6):18 - 20.

[46]李大红,赵丽,李贞,等. 高温胁迫对不同品种羽衣甘蓝幼苗叶的生理特
性及 SOD、POD 同工酶的影响[J]. 北方园艺,2015(19):6 - 10.

[47]李惠芬,钱芝龙. 羽衣甘蓝创新种质形态学特征研究[J]. 北方园艺,
2005(3):56 - 58.

[48]李惠芬,钱芝龙. 冬春 1、2、4、5 号羽衣甘蓝新品种的选育[J]. 北方园
艺,2006(1):3 - 5.

[49]李伟,郭君洁,李鸿雁. H_2O_2 对盐胁迫下羽衣甘蓝幼苗生长的影响[J].
江苏农业科学,2017,45(22):149 - 152.

[50]李希东,侯丽霞,刘新,等. H_2O_2 与葡萄 $VvIPK2$ 基因表达及其低温胁迫
响应的关系[J]. 园艺学报,2011,38(6):1052 - 1062.

[51]刘斌,周延,龚伟,等. 盐碱胁迫对不同苦瓜品种种子萌发的影响[J].
安徽农业科学,2009,37(34):16806 - 16808.

[52]刘建新,王金成,王瑞娟,等. 外源过氧化氢提高燕麦耐盐性的生理机
制[J]. 草业学报,2016,25(2):216 - 222.

[53]刘忠静,郭延奎,林少航,等. 外源过氧化氢对干旱胁迫下温室黄瓜叶绿
体超微结构和抗氧化酶的影响[J]. 园艺学报,2009,36(8):

1140 – 1146.

[54] 隆金凤,龚攀. 观赏蔬菜在家庭园艺中的应用[J]. 现代农业科技,2008 (18):111.

[55] 陆茵. 胃癌基因表达谱及原花青素癌化学预防机理的研究[D]. 南京: 南京中医药大学,2001.

[56] 马增岭. 阳光辐射变化对经济蓝藻螺旋藻形态、光合作用及生长的影响[D]. 汕头:汕头大学,2008.

[57] 昴智,崔远来,李远华. 水稻水分生产函数及其时空变异理论与应用[M]. 北京:科学出版社,2003.

[58] 孟志卿,徐东生,王继珍. 羽衣甘蓝组织培养研究[J]. 武汉大学学报 (理学版),2005(S2):273 – 277.

[59] 苗海霞,孙明高,夏阳,等. 盐胁迫对苦楝根系活力的影响[J]. 山东农业大学学报(自然科学版),2005,36(1):9 – 12,18.

[60] 帕提曼·阿布都热合曼,秦勇,林辰壹,等. NaCl 胁迫对两个黄瓜品种种子发芽及幼苗生长的影响[J]. 黑龙江农业科学,2009(2):79 – 81.

[61] 邱海峰,刘宏伟,杨朝荔,等. 高温胁迫对羽衣甘蓝生理特性的影响[J]. 湖北农业科学,2016,55(13):3378 – 3382.

[62] 邱宗波,孙立,李金亭,等. 外源过氧化氢对小麦水分胁迫伤害的防护作用研究[J]. 植物研究,2010,30(3):294 – 298.

[63] 饶璐璐. 羽衣甘蓝(Kale)[J]. 蔬菜,1997(1):11 – 12.

[64] 山仑,陈培元. 旱地农业生理生态基础[M]. 北京:科学出版社,1998.

[65] 山仑. 我国节水农业发展中的科技问题[J]. 干旱地区农业研究,2003, 21(1):1 – 5.

[66] 孙芳玲. 花青素功效研究进展[J]. 医学信息旬刊, 2011,24(20): 6975 – 6978.

[67] 孙丽华,江月仙,王巧懿. 天然抗氧化剂原花青素的保健功能及其应用[J]. 食品研究与开发,2004(2):109 – 112.

[68] 田菁,宋爽. 盐胁迫对小麦幼苗形态及生理特性的影响[J]. 安徽农业科学,2010,38(15):7784 – 7787.

[69] 王春裕. 诌议土壤盐渍化的生态防治[J]. 生态学杂志,1997

(6):68-72.

[70]王家雄. 移栽花假植蹲苗技术的应用[J]. 棉花,1980(3):40-41.

[71]王宁,张桂菊,吴军,等. NaCl 胁迫对光蜡树部分生理指标的影响[J]. 沈阳农业大学学报,2010,41(3):294-298.

[72]王小文,曹越,徐迎春. 观赏蔬菜在园林配置造景中的应用[J]. 山东林业科技,2008,38(5):50-52.

[73]卫银可. 甘蓝型油菜种子萌发期耐盐性状的关联分析[D]. 武汉:华中农业大学,2016.

[74]吴崇行. 磷肥的施用对羽衣甘蓝抗寒性的影响[J]. 中国园艺文摘,2013,29(7):6-7,28.

[75]吴国平,潘耀平,毛忠良,等. 日本叶牡丹的引种栽培[J]. 西南园艺,2002(2):47-48.

[76]吴永波,薛建辉. 盐胁迫对 3 种白蜡树幼苗生长与光合作用的影响[J]. 南京林业大学学报(自然科学版),2002(3):19-22.

[77]徐芬芬,徐鹏,胡志涛,等. 外源过氧化氢对盐胁迫下水稻幼苗根系生长和抗氧化系统的影响[J]. 杂交水稻,2017,32(1):74-77.

[78]徐佳宁,郑洪蕊,王希波,等. 高温胁迫对不同西瓜甜瓜砧木叶片抗氧化系统的影响[J]. 中国瓜菜,2018,31(2):7-10.

[79]薛晓丽. HPLC 法测定黑米中花青素的主要成分及含量[J]. 安徽农业科学,2009,37(11):4854-4855.

[80]杨大进,方从容,魏润蕴. 保健食品中前花青素的高效液相色谱测定[J]. 中国卫生检验杂志,2003(4):448-449.

[81]杨敏,朱岗魁,黄安耀,等. 高温胁迫对河南省 2 种主要玉米品种萌发及早期生长的影响[J]. 种子,2017,36(7):92-95.

[82]杨霄乾,靳亚忠,何淑平. NaCl 盐胁迫对番茄种子萌发的影响[J]. 北方园艺,2008(11):24-26.

[83]杨小玲,刘书亭. 花卉组培快繁与产业化发展现状及前景[J]. 天津农业科学,2001(1):1-3.

[84]杨绚,汤绪,陈葆德,等. 气候变暖背景下高温胁迫对中国小麦产量的影响[J]. 地理科学进展,2013,32(12):1771-1779.

[85]张春平. 不同外源物质提高盐胁迫下黄连种子及幼苗抗逆性机理研究[D]. 重庆:西南大学,2012.

[86]张宁,胡宗利,陈绪清,等. 植物花青素代谢途径分析及调控模型建立[J]. 中国生物工程杂志,2008,28(1):97 – 105.

[87]张欣. 红叶芥(Brassica juncea Coss.)种质资源红色素性质及 LC/MS 成分研究[D]. 重庆:西南大学,2008.

[88]张新春,庄炳昌,李自超. 植物耐盐性研究进展[J]. 玉米科学,2002,10(1):50 – 56.

[89]张燕,谢玫珍,廖小军. 热和紫外辐照对红莓花色苷稳定性的影响[J]. 食品与发酵工业,2005,31(3):37 – 40.

[90]张友胜,张苏峻,李镇魁. 植物叶绿素特征及其在森林生态学研究中的应用[J]. 安徽农业科学,2008,36(3):1014 – 1017.

[91]张云洁,潘怡辰,王汝茜,等. 植物花青素生物合成途径相关基因的研究进展[J]. 安徽农业科学,2014,42(34):12014 – 12016,12080.

[92]杨春燕,张文,钟理,等. 盐生植物对盐渍生境的适应生理[J]. 农技服务,2015,32(9):86 – 87.

[93]赵秀枢,李名扬,张文玲,等. 观赏羽衣甘蓝高频再生体系的建立[J]. 基因组学与应用生物学,2009,28(1):141 – 148.

[94]赵宇瑛,张汉锋. 花青素的研究现状及发展趋势[J]. 安徽农业科学,2005,35(5):904 – 905,907.

[95]植中强,李红缨. 天然食用色素提取工艺与稳定性研究的状况[J]. 广州化工,1999,27(4):18 – 20.

[96]方忠祥. 杨梅清汁变色与混浊形成的机理与控制[D]. 无锡:江南大学,2007.

[97]周金鑫,胡新文,张海文,等. ABA 在生物胁迫应答中的调控作用[J]. 农业生物技术学报,2008,16(1):169 – 174.

[98]祝朋芳,房霞,黄娟娟,等. 粉色叶羽衣甘蓝花青素提取效应分析[J]. 北方园艺,2012(24):67 – 69.

[99]李海渤. 甘蓝型油菜紫叶基因 BnaA.PL1 定位和候选基因分析[D]. 武汉:华中农业大学,2016.

［100］Yuan Y X, Chiu L W, Li L. Transcriptional regulation of anthocyanin bio-synthesis in red cabbage［J］. Planta,2009,230(6):1141 - 1153.

［101］郭宁,郑姝宁,武剑,等. 紫菜薹、紫色芜菁和紫色白菜花青苷分析［J］. 园艺学报,2014,41(8):1707 - 1715.

［102］Guo N,Zheng S N,Wu J,et al. The anthocyanin metabolic profiling analy-sis of three purple Brassica rapa vegetables［J］. Acta Horticulturae Sinica,2014,41(8):1707 - 1715(in Chinese).

［103］Chiu L W, Li L. Characterization of the regulatory network of BoMYB2 in controlling anthocyanin biosynthesis in purple cauliflower［J］. Planta,2012,236(4):1153 - 1164.

［104］段岩娇. 紫心大白菜花青素积累特性及相关基因表达分析［D］. 咸阳:西北农林科技大学,2012.

［105］Lin J Y, Li C Y, Hwang I F. Characterisation of the pigment components in red cabbage (Brassica oleracea L. var.) juice and their anti - inflam-matory effects on LPS - stimulated murine splenocytes［J］. Food Chemis-try,2008,109(4):771 - 781.

［106］Scalio R L, Genna A, Branca F, et al. Anthocyanin composition of cauli-flower (Brassica oleracea L. var. *botrytis*) and cabbage (B. oleracea L. var. *capitata*) and its stability in relation to thermal treatments［J］. Food Chemistry,2008,107(1):136 - 144.

［107］Xie Q L, Gu Z L, Zhang Y J, et al. Accumulation and molecular regula-tion of anthocyanin in purple tumorous stem mustard (Brassica juncea var. *tumida* Tsen et Lee). ［J］. Journal of Agricultural and Food Chemistry,2014,62(31):7813 - 7821.

［108］Zhu P F, Tian Z D, Pan I C, et al. Identification and quantification of an-thocyanins in different coloured cultivars of ornamental kale (Brassica ol-eracea L. var. *acephala* DC)［J］. The Journal of Horticultural Science and Biotechnology,2018,93(5):466 - 473.

［109］陈建. 非洲菊花瓣解剖结构及赤霉素处理对花色的影响研究［D］. 长沙:湖南农业大学,2010.

［110］罗兰. 彩叶草叶片呈色的生理特性及其花色素苷性质研究［D］. 重庆：西南大学,2007.

第 2 章

羽衣甘蓝组织培养及游离小孢子培养

本章以同基因型羽衣甘蓝品种为试材进行游离小孢子培养,研究基因型及振荡培养对小孢子胚发生和发育的影响,并对小孢子再生植株染色体倍性进行鉴定。采用秋水仙素溶液对羽衣甘蓝小孢子再生植株和游离小孢子进行加倍处理,并采用 DNA 流式细胞仪法来鉴定植株倍性,研究不同处理对羽衣甘蓝小孢子再生植株的加倍效果,以期培育多样性的观赏羽衣甘蓝DH 系,为选育优异羽衣甘蓝品种奠定材料基础。

2.1　概述

2.1.1　组织培养技术

组织培养技术是 20 世纪初以植物生理学为基础发展起来的一门新兴技术,是指在离体条件下利用人工培养基对植物器官、组织、细胞、原生质体等进行培养,使其形成完整的植株。其包括器官培养、茎尖分生组织培养、愈伤组织培养、细胞培养和原生质体培养等(陈海伟,2007)。组织培养是将植株的某一部分作为外植体经过一定处理后接种于培养基,利用植物细胞“全能性”及植物的“再生作用”原理,通过人工创造环境和添加合适的激素诱导出愈伤组织、胚状体、不定芽、根等,器官最终可获得再生植株或者次生产物(纪方,1995)。

2.1.1.1 组织培养的意义

组织培养这项技术已在科研和生产上得到广泛应用,已成为举世瞩目的生物技术之一。该技术具有加速育种、缩短繁殖过程、改良品质、节省空间、减少劳动力、可终年生产、不受自然条件限制等特点,且组织培养的幼苗体积小,便于携带。在推动农业现代化发展方面,已带来了巨大的经济效益、社会效益和生态效益,被认为是一项很有潜力的高新技术(纪方,1995)。

2.1.1.2　组织培养的历史和研究现状

德国植物学家 Haber Landt(1996)根据细胞学理论大胆地提出了高等植物的器官和组织可以不断分割,直到单个细胞即植物体细胞在适当的条件下具有不断分裂和繁殖发育成完整植株的潜力的观点。White(2002)在烟草愈伤组织培养中偶然发现形成了一个芽,证实了这一观点。Fontanel 等(1994)从银杏雌配子体中诱导胚状体发生,指出诱导的最佳时期是授粉后8～11 周。因此,胚乳的发育时期也是银杏胚乳培养中存在的一个影响因素。陈学森等(1997)在银杏组织培养中应用植酸作为抗氧化剂,取得一定成效,证明了在培养基中加入抗氧化剂和其他抑制剂可以有效地抑制褐变。吴元立等(1998)用成熟胚乳培养银杏,认为胚乳愈伤组织的诱导无须胚存在;而 Robert(2006)曾强调胚乳培养中胚的重要性。后来的研究也证明,无论诱导胚乳产生愈伤组织或分化器官均无须胚存在。谷瑞生等(1996)证实:基因表达产物 β－葡糖苷酶可以催化水解结合态的细胞分裂素成为自由态,进而提高细胞分裂素活性水平。梁一池等(2002)概述了植物的组织及细胞培养的研究现状,包括在培养组织、花药和花粉、胚和胚乳、原生质体、细胞悬浮等方面取得的进展。赵秀枢等(2009)通过试验证明无论何种基因型及使用何种培养基,羽衣甘蓝带柄子叶均为最佳外植体;不同的基因型和外植体,其最佳的芽诱导培养基不同。

综上所述,从 1902 年 Haber Landt 提出植物细胞全能性观点以来,经过了 100 多年,其道路是漫长而曲折的。我国的植物组织培养技术虽已处于相当高的水平,但仍存在很多问题。植物组织培养技术水平要上一个台阶,还需从基础理论、应用基础理论和应用开发等方面展开全方位的深入研究。

2.1.1.3　植物组织培养技术的应用

1. 离体快速繁殖技术

随着植物组织培养技术的不断进步和发展,所培养的植物种类也越来越多,从最开始的观赏性植物到现在的园艺植物、药用植物和经济作物等。通过植物组织培养来进行植物离体快速繁殖和种苗生产,可以避免濒危物种的灭绝,同时也有利于珍贵植物资源的保护(李云水,2014)。从植物组织培养技术的发展历史来看,当前最常用的植物组织培养技术就是植物离体快速繁殖技术,这也是效果最明显的一种植物组织培养技术。植物病毒的危害极大,不仅会严重威胁作物的生长,降低作物的存活率,还会对作物的使用价值、经济价值等造成不利影响,从而对作物的对外销售、植物原料的国际推广等形成阻碍(程小兰,2015)。植物组织培养技术可以较好地解决这一问题,因为植物组织培养能够对无病毒的植物进行培养、繁殖。其中,离体快速繁殖技术能够在较短的时间内完成植物的繁殖,能够有效保证植物组织培养的效率。如果将离体快速繁殖技术应用在那些名贵的、稀缺的、全新的、繁殖率低的物种上,就具有更大的现实意义和价值了。

2. 培育新品种

基因工程育种能够将某种生物中决定其性质的基因转移到另一个生物体当中,从而实现基因的移植。通过植物组织培养技术,能够提高物种遗传变异性,从而达到种性改良的目的。除此之外,植物组织培养技术还能应用于新品种的开发项目。目前,新品种的选育技术是广受关注的一种生物技术,在当前有着十分重要的应用。在农业生产方面,通过基因工程技术能够培育出很多具有较高经济价值的物种,包括玉米、棉花、大豆等(吴多,2015)。另外,原生质体的融合技术在木本植物的物种培育方面也有十分广泛的应用,例如通过原生质体融合技术可以提供需要的树木品种,从而提高经济效益,达到创收的目的。在消除远缘杂交障碍方面,原生质体融合技术的应用效果显著。一位来自美国的科学家,曾通过细胞的融合技术对西红柿和土豆进行细胞融合,从而成功培育出了新的植物品种(卢思,2016)。

3. 植物材料保存及种质库的建立

随着生物技术的不断发展,植物组织培养技术在植物原料的保护以及物种的繁殖方面已经有了十分广泛的应用。例如,超低温种质保存技术,就是将需要进行保存的对象封存在液氮之中,温度为 $-196\ ℃$,通过超低温来抑制植物的新陈代谢,从而保持植物的生长和繁殖能力。这种技术的应用能够实现资源的有效节约,且不会占用太多的空间(吴多,2015)。

2.1.1.4 影响组织培养的因素

1. 培养基

众所周知,不同的植物,其所适应的生长环境和所需的营养成分是不同的,因此在人工培养的培养基制作过程当中,应当根据不同植物的习性作出不同的处理。组织培养选用的基础培养基有 MT、MS、N$_6$等,由于不同种类植物所需要的生长条件有所不同,有的培养基要进行改良,有的要选择专用培养基。通常情况下,我们会用到 MS 植物培养基。植物组织培养技术一般会用到固体培养基,但是只有植物周围的营养成分和激素会被消化、吸收。如果剩下的植物培养基可以利用起来,就能大大减少工业化生产的能耗和资源浪费,不仅有利于生产企业的成本控制,也有利于资源的节约和环境的保护。通过回收利用的二次培养基可以再加入原培养基的母液,浓度控制在30%左右,就能够使二次利用的培养基达到与原来的培养基同样的培养效果。同时,这也证明了培养基可以二次利用(赵建萍和毕可华,1998)。

2. 激素

植物生长调节剂通常也被称作植物激素。它是化学家在了解了天然激素的结构以后合成出来的,鉴于植物内源激素含量非常低,不可能大量地提取以用于生产,因此进行人工合成,并从这些化合物的衍生物或类似物中发现一些与天然激素有同等效能甚至更为有效、更为优越的人工合成激素。植物生长调节剂可用于调控植物体内的核酸、蛋白质和酶的合成,能对植物生长发育过程中的不同阶段(如发芽、生根、细胞伸长、器官分化、花芽分化、开花、结果、落叶、休眠等)起到调节和控制作用。它们有的能提高植物的蛋白质、糖等含量,有的能改变其形态,有的可增强植物抗寒、抗旱、抗盐碱和抗病虫害的能力。

在基础培养基里添加一定浓度的外源激素,可以诱导出愈伤组织、胚状体、不定芽、根等器官,最终可获得再生植株或者次生产物。常用的激素有生长素类、细胞分裂素类、赤霉素等。赵建萍和毕可华(1998)使用多效唑诱导生根使试管苗矮化,茎秆粗壮,叶色浓绿,对促进移栽成活有明显效果,提高了抗逆性。同时还有人研究了添加外源激素对内源激素的影响,陶静等(1998)在对白桦组织培养再生系统的研究中发现,加入不同的外源激素对内源激素的影响各不相同,但对吲哚-3-乙酸(IAA)的影响最大。当单独加入6-苄基腺嘌呤(6-BA)时,其浓度对愈伤组织的 IAA 含量影响很小;当 6-BA 和 α-萘乙酸(NAA)配合使用时,愈伤组织中 IAA 含量随 NAA 浓度的增加而显著增加。这说明激素间的协同作用效果要远大于一种激素单独使用的效果,而且不同的外源激素极有可能引起内源多胺的不同变化。多胺对植物的许多生理生化过程都有影响,它的变化影响可溶性蛋白质、过氧化物酶,进而导致不同的形态产生(田长思和叶蕙,1998)。

3. 外植体

组织培养的材料称为外植体,主要形式有器官、胚胎、单细胞、原生质体等。近年来,利用各种外植体进行组织培养,在筛选突变体获得次生代谢产物等方面取得了一定的成绩。不同的外植体对组织培养过程的激素浓度以及培养条件都有不一样的要求,有的外植体易于形成愈伤组织,而有的外植体形成愈伤组织的能力有所欠缺。选取适合的外植体,有利于更好地形成愈伤组织,为接下来的离体再生培养提供基础(董雁等,1998)。

2.1.2 游离小孢子培养技术

2.1.2.1 游离小孢子培养的概念和意义

小孢子是指减数分裂后四分体释放出的单核细胞。游离小孢子培养是指直接从花蕾中分离出新鲜、游离的小孢子群体进行培养的方法。游离小孢子培养技术是在无须任何花药预培养的情况下诱导孤雄生殖的方法,使杂种的异质配子发育形成单倍体植株,单倍体植株通过自然或者人工加倍长成双单倍体,即 DH 系,然后通过自交系选育和配制杂交组合,从而达到缩短育种时间的目的(佟智慧,2009)。

游离小孢子培养和花药培养的区别在于,花药培养属于器官培养的范畴,而游离小孢子培养属于细胞培养。花药培养技术比游离小孢子培养技术简单,但是在过去的几十年里,花药培养在十字花科作物中并没有大力推广。究其原因,花药培养受体细胞影响较大,且基因型范围狭窄。游离小孢子培养能消除花药壁、绒毡层细胞的竞争干扰,在更大基因型范围内获得较高频率的小孢子胚胎(王莎莎,2008)。由于游离小孢子培养的效率远远高于花药培养,又具有诸多优越性,因此它在植物育种中有着相当高的应用价值。

游离小孢子培养与常规杂交育种、远缘杂交育种、转基因育种等技术相结合,已形成一套完善的育种技术体系。双单倍体育种技术就是其中之一,即来源于小孢子的双单倍体(DH 系)可以直接用于育种体系。DH 系中的自交亲和类型可作为杂交的中间亲本或杂交种亲本之一,而自交不亲和类型的 DH 系常被用作杂交亲本或测交亲本。游离小孢子培养技术除应用于育种实践外,在基础研究中也有着重要的地位:第一,作为转基因工程受体。目前主要采用农杆菌介导、电穿孔、基因枪等方法,与传统的细胞原生质体外源基因受体相比,小孢子因其数量多、体积小、单倍性和单细胞特性,成为一种优良转基因受体;另外,外源基因导入后,经过自然加倍或人工加倍,最大限度地降低了转基因植株的嵌合性和杂合性。第二,应用于染色体工程。游离小孢子培养可以获得大量的纯合加倍体、非整倍体等染色体变异株,为染色体研究提供宝贵材料。第三,游离小孢子培养获得的 DH 群体是进行 DNA 标记和基因图谱构建的理想群体。

2.1.2.2 小孢子的发育途径

小孢子的发育主要是通过胚状体和愈伤组织两条途径来得到再生植株。一种是小孢子经历胚发生的各个阶段,最后子叶展开,形成小孢子植株;另一种是经脱分化先形成愈伤组织,再分化成植株(付文婷,2010)。一般情况下,小孢子的发育途径主要是通过胚状体直接分化形成再生植株,但这也不是绝对的,在甘蓝型油菜中除了通过胚状体形成植株外,也有通过愈伤组织分化形成再生植株的情况(郑祖玲等,1986)。付文婷(2010)在大白菜小孢子培养中,发现小孢子是先形成胚状体,再经愈伤组织分化形成植株,而且分化率远高于胚状体途径。小孢子是通过胚状体还是通过愈伤组织途径发育,与供试植株的基因型或诱导培养基中的激素等因素有关。

2.1.2.3　游离小孢子培养的基本程序

目前,游离小孢子培养技术已经形成一套成熟且稳定的操作程序,已被广大学者普遍认可,如图 2 - 1 所示。

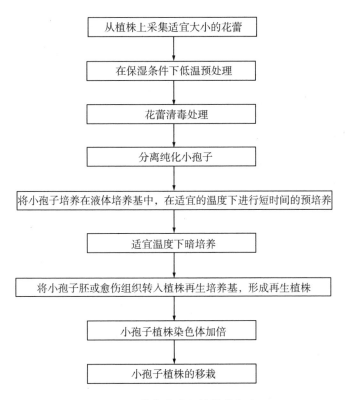

图 2 - 1　游离小孢子的培养程序

2.1.2.4　游离小孢子培养技术研究概况

早在20世纪70年代初,就有关于游离小孢子培养技术的研究。1973年,Nitsch 和 Norreel 为了排除花药壁和绒毡层细胞的干扰、了解小孢子胚胎发生的机理,在花药培养的基础上设计了一种直接从花药中将小孢子分离出来置于液体培养基中进行薄层培养的方法。20世纪80年代,Kyo 和 Harada(1985)成功地在烟草领域建立了有效的游离小孢子培养体系。此后,这项技术在禾本科、十字花科等作物中逐步获得应用。

1982年,Lichter 首次利用游离小孢子培养技术在甘蓝型油菜中成功获得了小孢子胚和再生植株,这为整个芸薹属植物游离小孢子培养技术奠定了坚实的基础(Lichter,1982)。在之后的几十年时间里,甘蓝型油菜游离小孢子培养技术得到了迅猛的发展。首先是发现了从完整花蕾中机械分离出小孢子的方法(Swanson 等,1987);其次是明确了小孢子培养的适宜发育时期,并对胚状体形成的细胞学特点进行研究(Kott 和 Polsoni,1988);最后是将热激处理应用于游离小孢子培养(Chuong 和 Beversdorf,1985)。

与此同时,芸薹属作物的游离小孢子培养也取得了较大的进展。Lichter(1989)在羽衣甘蓝、结球甘蓝和花椰菜的游离小孢子培养中成功获得再生植株。随后,Takahata 和 Keller 在青花菜、芥蓝的游离小孢子培养中成功获得了再生植株(Takahata 和 Keller,1990)。1992年,Duijs 等在抱子甘蓝的游离小孢子培养中又获得了成功(Duijs 等,1992)。在我国,游离小孢子培养技术起步虽晚,但发展迅速。1990年,杨清和曹鸣庆在花椰菜小孢子培养中获得了胚状体(杨清和曹鸣庆,1990)。1992年,曹鸣庆等首次报道了小白菜游离小孢子培养的试验过程(曹鸣庆等,1992)。1998年,张德双等又在青花菜上获得了小孢子再生植株(张德双等,1998)。1999年,严准等首次在苤蓝游离小孢子培养中取得成功(严准等,1999)。此外,在芸薹属蔬菜中,甘蓝型油菜(余凤群等,1995)、芥蓝(何杭军等,2004)和菜心(朱允华等,2003)通过游离小孢子培养技术也都获得了小孢子再生植株。甘蓝类蔬菜花药中的花粉发育不一致,从单核早期到双核晚期均存在,与其他芸薹属作物相比,甘蓝类蔬菜的游离小孢子培养难度高、效率低,较难应用于育种实践(汤青林等,2000)。到目前为止,国内外关于甘蓝类蔬菜游离小孢子培养的报道均较少,所选用材料多为结球甘蓝、青花菜和花椰菜。目前仅有少量关于羽衣甘蓝花药培养(黄普乐等,2005)和游离小孢子培养(姜凤英和冯辉,2006;冯辉等,2007)的报道。

近年来,大量将游离小孢子培养技术应用于育种实践的报道出现。从1991年开始,河南省农科院生物技术研究所率先利用游离小孢子技术培育出的豫园、豫新、豫早等一系列大白菜新品种,先后在河南、河北、湖北、山东、山西等主产区推广,累计推广面积35.7亿平方米,新增净菜产量30亿千克以上,产生了显著的社会影响和经济效益(栗根义等,1998;张晓伟等,2002;耿建峰等,2003;原玉香等,2004)。1999年,华中农业大学建立甘蓝型油菜小孢子培养、染色体加倍、试管苗继代越夏及田间移栽配套技术,成功培育出优质高产品种"华双3号",推广面积已超过133亿平方米(吴江生等,1999)。这些研究都证明了游离小孢子培养在芸薹属作物育种中的重要价值。

2.1.2.5　影响游离小孢子培养的因素

影响游离小孢子培养的因素有很多,包括内在因素和外在因素。内在因素如供体材料的基因型和生理状况等,外在因素如供体环境、取材时期、培养基的组成等。

1.供体材料基因型

在大多数作物小孢子培养中,基因型对小孢子胚胎发生能力和胚胎再生植株的能力具有决定性的作用。基因型对小孢子培养的影响作用首先体现在基因型的反应范围。栗根义等(1993)在13种材料的大白菜游离小孢子培养中,得到了12个小孢子胚,反应范围为93%。李岩等(1993)对12种基因型的小白菜小孢子进行培养,获得了9种基因型的小孢子胚及再生植株。张德双等(1998)对13种青花菜材料研究的结果表明,其中8种基因型诱导出胚,只有5种基因型能够获得再生植株。桑玉芳等(2007)的甘蓝游离小孢子的试验中,19种材料中有16种基因型能诱导出胚状体。王晨

(2005)在甘蓝型油菜研究中发现,基因型相似的品系和杂种之间小孢子植株染色体加倍率差异不显著,基因型不同的则差异显著。

基因型对小孢子培养的影响作用还表现为胚胎发生频率上的差异,而且这种差异相当于胚诱导率。曹鸣庆等(1993)在大白菜小孢子培养时发现,两个易出胚基因型的平均胚诱导率(350 个/蕾)是难出胚基因型的平均胚诱导率(2 个/蕾)的 175 倍。朱允华等(2003)通过研究认为不同基因型的菜心小孢子培养在反应范围和胚诱导率上都存在差异。栗根义等(1993)在大白菜小孢子培养中发现不同品种品系的诱导效果差别很大,最高胚诱导率为 178 个/蕾,有的品种却没有胚产生。

小孢子胚胎发生能力也是一种受基因调控的遗传特性,这一性状主要受有限数量的核基因控制,高频胚发生能力对低频胚发生能力为部分显性(Chuong 等,1985)。张凤兰和高田义等(2001)在对甘蓝型油菜小孢子的培养中发现,胚发生能力主要由基因的加性效应控制,是由具有加性效应特点的两个基因位点控制的,通过杂交可以将胚胎发生能力从高反应基因型转移到低或无反应的基因型上。Chuong 等(1988)利用胚发生能力有差异的特性,通过材料间杂交来提高小孢子胚诱导率。

2. 供体植株生长环境及生长状态

供体植株的生长环境和生长状态是影响单倍体培养的另一个重要因素。普遍认为,供体植株生长健壮受外界环境影响越小,其小孢子培养越易获得成功。在国外,通常采用严格控制光照、温度等条件的人工气候室来栽培供体植株,这样不仅方便开展工作,而且确保了小孢子胚的产量和稳产性。官春云(1995)比较生长室和普通温室两种生长状态下的油菜小孢子培养,结果表明,来自生长室供体植株花蕾的小孢子胚产量远高于来自普通温室的花蕾,胚诱导率高达 5.11%。目前国内很少有单位能达到这样的设施条件要求,只能依靠自然条件。在这种情况下,可以利用温室和田间在基本可以保证供体植株适宜生长的季节(如每年冬、春两季)开展工作。曹鸣庆等(1993)通过对温室和露地栽培的十几种基因型的大白菜的研究得出,10~25 ℃气温条件下供体植株中取得的小孢子的产胚量较高。张凤兰等(1994)的研究表明,对生长在长日照(14~18 h)、15~20 ℃温度条件下的白

菜植株进行小孢子培养,产胚量及植株再生率高于短日照(12 h)、较高温度
(25 ℃)条件下生长的植株。申书兴等(1999)研究指出,在不具备人工气候
室的条件下,首先应该充分利用自然环境条件,然后在植株初花期之后到末
花期之前这段时间采集适宜花蕾,并配合不断摘除将开花蕾,可显著提高大
白菜小孢子胚诱导率,这是因为花蕾发育需要充足的营养供给,摘除多余花
蕾能提高小孢子的发育同步性,维持细胞生理活性。但也有研究认为供体
植株形成花序时的生长环境对小孢子成胚并不重要(Duijs 等,1992)。

　　供体植株的株龄和发育状态对小孢子培养效果也有影响。申书兴等
(1999)认为,株龄对小孢子胚发生率影响显著,植株主枝和一级侧枝的少量
花蕾开放到一级侧枝的 2/3 花蕾开放以前采集的花蕾,适合进行游离小孢子
培养。陈军等(1995)的研究表明甘蓝型油菜的大部分品种在开花第三天至
第七天间的花蕾最适合诱导出胚。王涛涛等(2004)在对红菜薹的小孢子培
养过程中发现,在初花期与末花期取材培养不能诱导出胚,只有在盛花期取
材培养才能获得胚状体。牛媛媛(2005)在大白菜的小孢子培养试验中也发
现,盛花期取材产胚量高于初花期和末花期。但是也有相反的报道,Burnett
等(1992)在试验中发现,在老弱的植株上取材的产胚量要远高于在健壮、幼
小的植株上取材的产胚量。

3. 小孢子发育时期

　　植物小孢子发育时期通常分为单核期、双核期和三核期,单核期又分为
单核早期、单核中期和单核靠边期。不同阶段的小孢子对外界刺激的响应
程度不同,胚状体诱导率也存在较大差异。只有那些处于一定发育时期的
小孢子离体后,经诱导才能从原来的配子体发育途径转换到孢子体发育途
径形成胚状体,并进一步分化成植株,原因有二:一是小孢子发育成胚状体
会有一个临界期,超过了这个时期胚状体则不能形成;二是花粉内源激素随
小孢子发育而改变,由于花粉的成熟使激素平衡改变,或花粉发育所必需的
一些成分已经耗尽,从而影响胚诱导率。

　　一些植物适宜游离小孢子培养的时期较广,如烟草属、曼陀罗属和水稻
的单核早期和双核期的小孢子都能产生再生植株,芥属的一些植物甚至从
成熟花粉中也可诱导出单倍体植株。但一般芸薹属植物最适合游离小孢子

培养的时期是单核期至双核晚期(景士西,2007)。姜立荣等(1996)报道,大白菜游离小孢子培养中胚胎的激发启动发生在小孢子的单核后期。李岩等(1993)也报道了小白菜单核中期至单核晚期的小孢子均适合诱导胚胎发生。方淑桂等(2005)的研究表明结球甘蓝只有在大部分小孢子处于单核晚期至双核期时,才能产生胚状体。

小孢子的发育时期与花蕾一些形态指标密切相关,可根据这些形态指标(花蕾长度、花瓣和花药的长度比等)来判断小孢子群体是否适合离体培养。陈玉萍等(1998)在花药培养中发现小孢子的发育阶段与花蕾的花瓣和花药的长度比密切相关。但是材料、品种不同,以及栽培条件不同,其形态指标也有所不同(Chuong 等,1985;Thurling 等,1984)。曹鸣庆等(1993)发现当大白菜花蕾长 2.0~2.5 mm 时,小孢子大多处于单核中期至单核靠边期,胚诱导率最高;当花蕾长 2.6~3.0 mm 时,10% 的小孢子处于单核中期,70% 的小孢子处于单核靠边期,胚诱导率次之;当花蕾长小于 2.0 mm 或大于 3.0 mm 时,均不能诱导产生胚状体。王怀名等(1992)在花椰菜小孢子培养中发现,花瓣和花药的长度比为 1/3~1/2 时,长度为 2.5~3.0 mm 的花蕾处于单核靠边期比例较大。张德双和曹鸣庆(1997)的研究表明,绿菜花游离小孢子培养以单核靠边期到双核早期阶段胚诱导率最高,这一时期的花蕾长度为 4.1~5.0 mm。这些研究表明,花瓣长度与花药长度之比可以作为小孢子培养的一个较为恒定的指标。也有一些研究认为将花药颜色作为其形态学标志更为精确(李栒等,2003)。但是最可靠的做法还是以形态指标为基础,结合培养前镜检以确定适宜的花粉发育时期。

4. 小孢子培养方式

(1)液体浅层培养和液固双层培养。

游离小孢子培养方法包括液体浅层培养和液固双层培养。王蒂等(1996)认为液体浅层培养的效果要好于液固双层培养。液体浅层培养虽然利于花粉吸收液体培养基中的营养物质,但花粉发育中产生的有害物质也容易过量积累,所以需要适时更换培养基。

(2)振荡培养。

小孢子在液体培养基中静置培养时,胚发育迟缓、较幼小,只有一小部分能发育成子叶形胚。申书兴等(1999)发现振荡培养能够促进大白菜小孢子胚发生及提高子叶胚发生率和胚发育的同步性。王亦菲等(2002)对大田油菜小孢子培养的研究表明,小孢子静置培养两周后改为 60 r/min 振荡培养,能够明显改善液体培养基的通气性,使形成的胚更加健壮,进一步促使胚在再生培养基上直接发育成植株。何杭军(2003)报道,在芥蓝和青花菜小孢子培养时发现,当将小孢子转入 25 ℃ 、60 r/min 的摇床中振荡培养,能明显促进胚发育,胚状体较健壮,子叶形胚的发生率最高可达 67.41%,为静置培养条件下的 3 倍,两种培养方式之间的差异显著。一般做法是在黑暗环境下静置培养一段时间,当出现肉眼可见的小孢子胚时开始转入振荡培养。蒋武生等(2008)通过研究发现,振荡培养可以明显缩短培养时间并提高胚诱导率。振荡培养能够改善培养基的通气条件,利于进行呼吸作用,平衡培养基营养物质,方便小孢子胚吸收养分;同时,也有利于稀释胚发育过程中自身分泌的有害有毒物质;另外,振荡培养还能有效减少胚再生过程中的褐化(杨硕,2009)。

5. 培养基的组成

用于小孢子培养的培养基包括以下三种:NLN 培养基、B_5 培养基和 MS 培养基。不同种类作物在游离小孢子培养中对基本培养基的要求也不同。十字花科游离小孢子培养通常采用含 13% 蔗糖的 NLN 培养基。与 MS、B_5 培养基相比较,NLN 培养基的主要特点是大量元素含量较低。余凤群和刘后利(1995)用不同培养基处理甘蓝型油菜小孢子时发现,在 NLN 培养基中的小孢子可形成大量胚,在 1/2MS 和 $1/2B_5$ 培养基中只有很少量胚产生,而在 MS、B_5 培养基上基本没有胚产生。这些研究说明小孢子在离子浓度低的培养基中易于产生胚状体。Keller(1988)报道,NLN 培养基大量元素含量减半能提高甘蓝型油菜产胚量。只有张凤兰(1994)采用 BM 培养基在大白菜小孢子培养中成功获得小孢子胚。

6.激素及其他添加物的影响

(1)激素的影响。

培养基中激素对诱发小孢子启动、分裂以及分化起着重要作用,不同激素作用效果不同,不同材料对激素的反应也不同。小孢子培养中的激素主要包括生长素和细胞分裂素。生长素包括 α - 萘乙酸(NAA)、吲哚丁酸(IBA)等,可诱导细胞分裂和根分化;细胞分裂素包括激动素(KT)、6 - 苄基腺嘌呤(6 - BA)、玉米素(ZT)等,主要作用是促进细胞分裂、胚胎的形成以及愈伤组织生根生芽。十字花科植物中小孢子培养中最常用的是 α - 萘乙酸和 6 - 苄基腺嘌呤。

徐艳辉等(2001)报道,6 - BA 对大白菜小孢子胚发生具有一定的促进作用,最适宜浓度为 0.2 mg/L,但对难成胚基因型的作用不大。周志国等(2007)通过研究萝卜游离小孢子培养体系得出,在培养基中添加 6 - BA 能促进小孢子出胚。李岩等(1993)发现,培养基中添加少量激素(NAA 0.5 mg/L + 6 - BA 0.05 mg/L)有利于小白菜小孢子形成胚胎,且产胚量明显高于不加激素的对照。Sato 等(1989)认为,NAA 浓度在 0 ~ 1.0 mg/L 时,有较高的小孢子胚诱导率;NAA 浓度高于 2.0 mg/L 时,限制小孢子发育;当加入浓度为 0.5 mg/L 的 NAA,同时添加浓度为 0.05 ~ 0.2 mg/L 的 6 - BA 时,小孢子产胚量较高;但当添加的 6 - BA 浓度超过 0.4 mg/L 时,又对小孢子产胚产生了抑制作用。Charne 等(1988)认为添加 6 - BA 可显著增加一些基因型的产胚量,而添加 NAA 对产胚量并无影响。王亦菲等(2002)报道,在小孢子培养基中单独或配合添加 0 ~ 2 mg/L 的 6 - BA、2,4 - D(2,4 - 二氯苯氧乙酸)、GA(赤霉素)、KT 这些生长调节剂不仅不会促进胚胎发生,反而有些还会起到反作用,抑制胚胎发生。前人并未能取得一致的结果,因此在进行小孢子培养试验时,一般都需要对激素种类、浓度及配比进行筛选。

(2)碳源的影响。

单倍体培养中,常以蔗糖作为碳源,近年来研究发现以其他糖类代替蔗糖能提高单倍体培养效率。陈耀峰和朱庆麟(1993)通过研究发现,用麦芽糖替代蔗糖作为碳源,能够提高大麦、小麦和水稻花药愈伤组织诱导率。李光威等(2001)通过研究发现高浓度的葡萄糖、蔗糖以及葡萄糖加果糖对小麦小孢子有毒害作用，均不能获得胚状体,唯有麦芽糖作为碳源培养的小麦小孢子具有活力,因此认为麦芽糖是小麦小孢子培养最佳的碳源。但是,余凤群等(1995)用麦芽糖替代蔗糖作为碳源对甘蓝型油菜小孢子进行培养,结果发现以麦芽糖为碳源的培养基对小孢子的培养具有明显的抑制作用。因此,大多数作物的游离小孢子培养还是采用蔗糖作为碳源,用以提供能量和维持细胞渗透压。张德双等(1998)采用蔗糖浓度为 10% ~16% 的培养基对不同基因型的绿菜花进行游离小孢子培养,均得到了较高的产胚量,但不同基因型材料最适宜的蔗糖浓度不同。牛应泽等(1999)研究三种蔗糖浓度(10%、13% 和 16%)对油菜小孢子胚发生能力的影响,结果表明,在蔗糖浓度为 13% 的 NLN 培养基中胚诱导率最高。张晓芬等(2005)在花椰菜小孢子培养中也得到了相同的结果。陈军等(1995)认为在蔗糖浓度为 16% 的培养基中小孢子活力最高,但是最高胚诱导率却来自蔗糖浓度为 13% 的培养基。

(3)活性炭的影响。

活性炭因具有一定的吸附作用,可以吸附培养基中培养细胞释放的有毒物质和生长抑制物质。因此,在小孢子培养基中添加一定量的活性炭,可以加快离体培养进程。Gland 等(1988)发现,添加活性炭可促进油菜小孢子胚的发育,有利于植株再生,但并不能提高小孢子胚诱导率。在花椰菜小孢子培养中,杨清和曹鸣庆(1991)发现,当培养基中添加浓度为 0.5 g/L 的活性炭时能够提高胚诱导率;但当活性炭浓度高达 5 g/L 时,反而无促进作用。刘雪平等(2003)的研究表明,添加 0.05% 活性炭不仅能提高甘蓝型油菜小孢子胚发生率,还能使子叶形胚比例增加,畸形胚减少。王涛涛等(2004)在红菜薹游离小孢子培养中添加 0.08% 活性炭能使产胚率提高将近 3 倍。活性炭的浓度也不宜过高,否则会起到反作用。Lichter(1989)指出,活性炭除了能吸收培养基中的有害物质,还可以吸收一些必要元素和激素,如 KT、NAA、Fe 螯合物等成分。Halkjaer 等(2001)认为在 pH 值为 6.0 时添加活性炭可提高产胚量。配制活性炭时,还需加入少量的琼脂糖,如果无琼脂糖,活性炭会被吸附到游离小孢子上,抑制胚状体的发生。

(4)$AgNO_3$ 的影响。

$AgNO_3$ 作为体内乙烯合成抑制剂常被用到花药、花粉培养中。乙烯在雄性生殖中起着很重要的作用,少则不利于胚胎的诱导,多则抑制胚胎形成。Ockendon 和 Mclenghan(1993)的研究表明,$AgNO_3$ 对花药培养具有促进作用,并且对某些基因型有着显著的促进效果。在甘蓝类蔬菜花药培养中,Dias和Martins(1999)发现,在未添加 $AgNO_3$ 的培养基中无胚状体形成,而添加 10 mg/L $AgNO_3$ 的培养基中出胚率显著提高。杨清和曹鸣庆(1991)在花椰菜花药液体培养中,也证实了 $AgNO_3$ 能促进花椰菜小孢子发育,以62.5 mg/L $AgNO_3$ 处理的产胚率最高。Ag^+ 与乙烯竞争受体结合位置,从而阻止乙烯作用,促进胚胎发生,$AgNO_3$ 还可以缓解细胞离体培养后易发生的褐化现象,也有试验表明 $AgNO_3$ 能够改变极性分化现象和促进芽分化(张鹏等,1997)。

7. pH 值的影响

大多数植物适合在 pH 值为 5.8~6.0 的培养基中培养,所以在培养基灭菌前将 pH 值调至 5.8~6.0。pH 值在 5.8~6.0 范围内能够促进植物细胞的分裂、生长和分化(刘庆昌和吴国良,2003)。pH 值一般用 1 mol/L 的盐酸或氢氧化钠进行调节。

8. 小孢子密度的影响

小孢子密度在游离小孢子培养中起着很重要的作用。关于这方面的报道不多,官春云等(1995)对油菜小孢子密度的研究显示,1 mL NLN 培养基中接种 1 个花蕾产胚率最高,胚的分化速度较快,培养效果最好。陈玉萍等(1998)研究认为每皿接种 5~10 个花蕾时效果较好。试验结果不同可能与小孢子分离方法不同有关,所以应该用血球计数板来计算出较准确的小孢子密度。合适的培养密度有利于诱导出胚,较适宜的小孢子密度为 1×10^5~5×10^5个/毫升(栗根义等,1993;李岩,1993)。

2.1.2.6 小孢子胚植株再生的影响因素

小孢子胚发育成再生植株与小孢子胚发生具有同样重要的意义。小孢子胚能否高频再生为小孢子植株是游离小孢子培养技术的关键因素。小孢子胚分化过程中,经常发生褐化、玻璃化和愈伤化,影响再生植株的获得。已有研究结果表明,小孢子胚状体能否发育成苗,受到内、外两类因素的影响。内因是小孢子胚的发育时期与质量等;外因主要是培养条件,如培养基成分、水分状况和培养基添加物等(Burnett 等,1992;余凤群等,1995;刘凡等,1997)。

1. 小孢子胚发育阶段

小孢子胚状体的发育不同步,球形胚、心形胚、鱼雷形胚和子叶形胚并存,同时也有许多畸形胚。Kuginuki 等(1999)研究认为子叶形胚更易诱导成苗,而鱼雷形胚则不易成苗。周志国等(2007)的研究表明萝卜经游离小孢子培养获得的子叶形胚能获得大量再生植株,而畸形胚不能得到正常的再生植株。球形胚虽然也能发育成植株,但是比例非常小(Kott 和 Polsoni,1988;Takahata 等,1991)。

2. 基本培养基的影响

培养基类型对小孢子胚发育成再生植株有着决定性作用。目前用得最多的培养基是 B_5 培养基和 MS 培养基两种。但 Sato(1989)的试验结果表明,在 B_5 培养基或 MS 培养基上小白菜仅有 7.6% 胚状体能直接发育成植株,原因是胚停止发育或胚缺乏生长点。另外,Dias(2003)在青花菜小孢子胚状体再生培养研究中发现 MSS 培养基(改良的 MS 培养基)优于 B_5 培养基。

3. 琼脂浓度的影响

琼脂浓度能够调节培养基的水分条件,对胚在固体培养基中的再生有着至关重要的作用。刘凡等(1997)将培养基中的琼脂含量从 0.8% 提高到 1.2%,大白菜小孢子胚成苗率由 37.5% 提高到 85.8%,同时玻璃化和二次分化现象明显减少。王汉中等(2004)的研究认为 15% 的琼脂含量有利于小孢子胚直接成苗。

4. 转胚时间的影响

小孢子在 NLN 液体培养基中培养时间的长短对胚状体成苗率影响也很

大。在液体培养基中滞留时间过长容易造成胚成苗率低。王涛涛等（2004）的研究表明红菜薹的最适转胚时间是在培养后 20～24 d,若胚状体留在液体培养基中继续培养,接种到固体培养基后胚状体的玻璃化率大幅提升,植株再生频率大大降低。

5. 激素和其他处理的影响

添加外源激素也能影响胚状体的再生成苗。Polsoni 等（1988）在培养基中添加 GA_3 用于再生植株的生根,至今仍有很多研究使用这种方法。朱彦涛和胡新强（2000）在 B_5 培养基中添加 NAA、IAA 和 IBA 3 种激素进行处理,发现添加 0.5 mg/L IBA 的处理效果最佳。周伟军等（2002）认为,甘蓝型油菜的小孢子胚在转入固体培养基后,先在 2 ℃条件下处理 10 d,再在常温条件下进行培养,再生苗整齐性良好。Zhang 等（2006）通过研究发现,干燥处理和子叶切除等,能提高小孢子胚发育成再生植株的能力。

2.1.2.7　小孢子再生植株的倍性鉴定方法

小孢子再生植株倍性组成比较复杂,因此非常有必要对再生植株群体的倍性进行鉴定。目前染色体倍性鉴定方法主要包括形态学鉴定法、气孔保卫细胞鉴定法、染色体计数法及 DNA 流式细胞仪法等。

1. 形态学鉴定法

通过观察比较小孢子植株的花器官形态和育性来鉴定再生植株的倍性。比较植株的外观特征可观察到,单倍体植株花蕾瘦弱,花药干瘪,花粉量少或无花粉,不能结籽;双单倍体和二倍体植株外观形态相似;高倍体花蕾较大,柱头粗大,结籽少（王晨,2005）。利用花期形态来鉴定小孢子植株倍性的方法直接快速、成本较低。但是,利用这种方法鉴定不够及时,需要等到再生植株抽薹开花后才能进行。

2. 气孔保卫细胞鉴定法

通过气孔保卫细胞的叶绿体计数来鉴定植株倍性的鉴定方法最早应用

于甜菜,随后许多学者发现利用气孔的密度或大小也能鉴定植株倍性。刘成洪等(2002)在甘蓝型油菜小孢子植株倍性鉴定研究中发现单倍体植株和二倍体植株的气孔保卫细胞周长间差异显著。Burnett 等(1992)认为茄属植物的倍性与叶绿体数目成正相关。因此,可以等到植株长出新叶后,对气孔保卫细胞的叶绿体细胞进行观察,鉴定再生植株的倍性。

3. 染色体计数法

染色体计数法是鉴定植株倍性最直接的方法,包括根尖染色体计数与花粉母细胞染色体计数。遗传学认为,同种植物的单倍体的染色体数目应该是正常二倍体的一半(王得元等,2002),所以通过观察细胞染色体数目即可确定小孢子植株的倍性。

4. DNA 流式细胞仪法

DNA 流式细胞仪法用于测定植株倍性的研究日益增多(马丽华等,2007;高素燕等,2009)。DNA 流式细胞仪法是通过仪器来快速检测细胞内 DNA 的含量,然后绘制出 DNA 含量分布的曲线,通过最高峰值来判断小孢子植株的倍性。

2.1.2.8 染色体加倍方法

小孢子培养得到的单倍体植株在减数分裂时期染色体不能正常配对,如果染色体加倍即可成为纯合的二倍体植株。双单倍体植株对于育种实践具有重要的意义。单倍体加倍的方式有两种,即自然加倍和人工加倍。不同作物自然加倍率相差很大,大白菜由游离小孢子培养获得的再生植株自然加倍率很高(付文婷,2010),但也有一些作物自然加倍率较低。再生植株的染色体倍性与基因组 DNA 甲基化有关(姚军等,2009)。

对自然加倍率低的作物采取人工方式加倍,能够得到更多的双单倍体植株,这对育种应用是十分必要的。目前主要通过秋水仙素试剂进行人工加倍。秋水仙素作用于细胞的根本效应是改变细胞微管的状态,使微管解聚或停止组装,改变细胞的发育进程,阻断染色体的分裂,从而诱导染色体加倍(Hause 等,1993;王亚茹等,2010)。利用秋水仙素处理染色体加倍可以在小孢子培养的各个阶段进行,主要包括以下几种方法。

1. 浸根处理

用秋水仙素浸根的方法简便易行。将单倍体植株的根部取出洗净,然后将其浸泡在浓度为 0.2% ~ 0.3% 的秋水仙素溶液中 1.5 ~ 3 h,然后用流水冲洗掉根部残留的药液,再把植株栽到土中。Swanson 等(1989)应用这种方法,获得再生植株的加倍率为 40% ~ 76%。周伟军等(2002)用浓度为 125 mg/L 的秋水仙素对 2 个 F_1 代单倍体植株进行浸根处理 20 h,加倍率分别是 52% 和 56%。

2. 处理生长点

将秋水仙素溶液滴到生长点、将蘸有秋水仙素溶液的棉球覆在植株生长点上以及用针头将秋水仙素溶液注射到生长点都能诱导植株加倍。石淑稳等(2002)在幼苗抽蔓前后将浓度为 0.1% 的秋水仙素滴到幼苗的顶芽或叶腋处,但这种方法的加倍率较低,仅为 27.5%,且费时费工。

3. 处理单倍体试管苗

早期对试管苗进行处理有利于再生植株的二倍化,由于用于处理的秋水仙素的浓度低,因此可降低成本和毒性。Mathias 和 Robbelen(1991)将 3 ~ 4 叶龄的试管苗置于含 50 mg/L 秋水仙素的液体培养基中培养 4 ~ 8 d,再转至不加秋水仙素的培养基中培养,加倍率高达 50%。石淑稳等(2002)采用这种方法也获得了较高的加倍率,他们将单倍体试管苗置于秋水仙素浓度为 70 ~ 80 mg/L 的 B_5 培养液中培养 4 ~ 5 d,然后接种于不含秋水仙素的 B_5 培养液中继续培养 12 d,再生植株的加倍率达 50% 以上。

虽使用含少量秋水仙素的培养基就能处理试管苗加倍,但整个过程操作起来较烦琐,费时费工。在实际操作中存在两个弊端:一是由于处理的植株未经倍性鉴定,会有一部分自然加倍的二倍体植株再次加倍形成高倍体或嵌合体;二是经秋水仙素处理的幼苗在移栽成活后倍性也会发生变化(顾宏辉等,2003)。

4.处理小孢子

利用秋水仙素处理游离小孢子,这种方法既节省药品,又提高加倍率,加倍后的植株较结实,加倍效果较理想。Chen 等(1994)将小孢子悬浮在0.5~1.0 g/L 秋水仙素中处理 8~20 h,加倍率为 37%~93%。Mollers 等(1994)用 50 mg/L 的秋水仙素处理分离小孢子 24 h,加倍率达 80%~90%,用 10 mg/L 的秋水仙素处理小孢子 72 h,可使二倍体胚状体发生率达 80%。石淑稳等(2002)在研究中应用 50 mg/L 秋水仙素处理小孢子 48 h,结果表明小孢子的平均加倍率达 80% 以上。周伟军等(2002)用秋水仙素直接处理小孢子也获得了较高的加倍率,但是,过高浓度的秋水仙素也会抑制小孢子的萌发。因此,在实际应用中,如何采用适当浓度的秋水仙素来提高染色体加倍率,是值得深入研究的问题。

2.1.2.9　小孢子再生植株的移栽

生根后根系发达的试管苗需先在室内炼苗 1~2 d,再将试管苗根部洗净,移栽到带有基质的营养钵中,给足水分,上覆塑料薄膜保水,适当给予光照。半个月后于温室中正常管理。石淑稳等(2001)在立冬后将油菜小孢子植株直接移到田间,采用覆盖塑料膜的方法来防止冻害,这样有效地解决了试管苗直接移栽田间的问题。刘雪平等(2003)利用塑料薄膜覆盖,幼苗成活率仅为 57.7%;而利用遮阴网覆盖,幼苗成活率可高达 87.6%。

2.2　材料与方法

2.2.1　材料

选取羽衣甘蓝"鸽"系列的"白鸽""维多利亚鸽"和"鹤"系列的"双色

鹤"用于组织培养试验。"白鸽"和"维多利亚鸽"是羽衣甘蓝的圆叶类型，其特点是植株健壮，适合景观应用。在无菌苗的培养过程中，"白鸽"的胚轴明显长于"维多利亚鸽"，而"维多利亚鸽"的植株比较矮小。"双色鹤"属于玫瑰型盆栽羽衣甘蓝的鹤系列，玫瑰型盆栽羽衣甘蓝是通过生长调节剂的控制将原有的切花类型的羽衣甘蓝矮化栽培以形成玫瑰型的盆栽效果，它的特点是花色丰富、瓶插期长、花头紧。

引自日本的羽衣甘蓝 F_1 代杂交种："波浪叶红心 Y007""波浪叶白心 Y008""皱叶红心 Y009""皱叶白心 Y010""雪球 1 号 Y014"。"红欧 Y005"和"白欧 Y006"用于游离小孢子培养试验。

2.2.2 羽衣甘蓝离体再生培养

2.2.2.1 羽衣甘蓝无菌幼苗的培养

在无菌条件下选择成熟、饱满、大小适中的种子进行表面消毒。先用 75% 乙醇消毒 30 s，然后用无菌水冲洗 3 次，再用 1% 的升汞溶液消毒 8 min，在此期间不断振荡以保证升汞溶液与种子表面充分接触，最后用无菌水冲洗 4 次。将种子表面的水分用无菌滤纸吸干，用已灭菌的镊子将种子放入培养基中，每瓶培养基放置 2 粒种子。将已接种的培养基置于培养室，培养室内采用的光源为日光灯，光强为 2000 lx，培养温度为 25 ± 2 ℃，光周期为 16/8 h。无菌苗培养 3 ~ 5 d 后，选择不同外植体分别进行愈伤组织的培养，研究基因型对愈伤组织诱导率的影响。

2.2.2.2 不同激素配比

以 MS 为基本培养基，分别添加不同浓度的 6 - BA 和 NAA，形成共计 9 个激素组合的诱导培养基，然后以不添加任何激素的 L0 号培养基作为对照（表 2 - 1）。挑选 3 ~ 5 d 苗龄的羽衣甘蓝无菌幼苗，取其植株不同部位的外植体，接种于不同诱导培养基。

表 2 – 1　愈伤组织诱导培养基中不同激素浓度

培养基编号	激素浓度/（mg/L）	
	6 – BA	NAA
L0	0.0	0.0
L1	2.0	0.0
L2	3.0	0.0
L3	1.0	0.5
L4	3.0	0.5
L5	3.0	1.0
L6	1.0	1.0
L7	2.0	1.0
L8	2.0	0.5
L9	1.0	0.0

2.2.2.3　不同部位外植体的影响

无菌苗培养 3～5 d 后,分别选取羽衣甘蓝无菌苗的子叶、带柄子叶、下胚轴作为外植体。子叶在切割方式上选取横切和纵切两种,带柄子叶和下胚轴都切割为 1.0 cm 左右,接种于不同类型的诱导培养基。

每种外植体接种 9 瓶,每瓶放置 4 个外植体。接种完成后,均置于

25 ℃、光周期 16/8 h 的组培室进行常规培养。

2.2.2.4 活性炭对愈伤组织诱导的影响

将配制的激素培养基分为两组,一组在配置过程中添加 0.3 g/L 的活性炭,并使其在培养基凝固前充分混合,另一组培养基不添加活性炭作为对照。

2.2.2.5 愈伤组织诱导率和褐化率

外植体接种完成后置于(25 ± 2)℃培养室内培养 25 d 后,统计愈伤组织的诱导率和褐化率。

$$诱导率(\%) = \frac{产生愈伤组织的数量}{接种的外植体数} \times 100\%$$

$$褐化率(\%) = \frac{褐化的愈伤组织数}{产生的愈伤组织总数} \times 100\%$$

2.2.3 观赏羽衣甘蓝小孢子培养及再生植株倍性变异

2.2.3.1 试材种植

试材于 8 月穴盘育苗,10 月移栽至花盆,11 月移到温室中进行 16 h 长日照处理,翌年 2 月开花取样进行小孢子培养。常规管理。

2.2.3.2　取材和消毒

在羽衣甘蓝开花期,于晴天上午 8:00—10:00 时取供试材料植株主花序及一级侧枝花序上的饱满花蕾。用蒸馏水冲洗花蕾 3 次,控干水分,经 70% 乙醇表面消毒 30 s,然后用浓度为 0.1% 的 $HgCl_2$ 溶液消毒 8 min,最后用无菌水洗涤 3 次,每次冲洗 5 min。

2.2.3.3　小孢子的分离纯化和悬浮培养

小孢子分离纯化方法参照姜凤英(姜凤英和冯辉,2005)的方法。将消毒完成的花蕾放入无菌小烧杯中,加入少量 B_5 液体培养基,用无菌玻璃棒挤压花蕾,挤出小孢子。将小孢子悬浮液用孔径为 40 μm 的尼龙网过滤到刻度离心管中,在 1000 r/min 转速下离心 3 min。弃上层清液,用 5 mL B_5 液体培养基洗涤沉淀物,振荡混匀,在 800 r/min 转速下离心 3 min,重复 2 次。弃上层清液,所得沉淀物即为纯净的小孢子。将纯化的小孢子加入 NLN – 13 培养基中(蔗糖浓度为 13%,pH 值为 5.8),调整小孢子悬浮液密度到 $1 \times 10^5 \sim 2 \times 10^5$ 个/ mL,分装于直径为 60 mm 的培养皿中,每皿 5 mL,用封口蜡(Parafilm)封口。经 33 ℃ 高温热激 24 h 后,转至 25 ℃ 条件下继续暗培养,用倒置显微镜观察离体小孢子的发育状况。

2.2.3.4　振荡培养

以"皱叶红心"和"皱叶白心"为试材,进行振荡培养,转速为 60 r/min,以静止培养作为对照。

2.2.3.5　胚培养和植株再生

将生长健壮的子叶形胚状体转接到 B_5 固体分化培养基(3.0% 蔗糖 + 1.0% 琼脂,pH 值为 5.8)上,置于(25 ± 1)℃、光照时间为 14 h 的环境下培养,诱导胚状体发育形成再生植株。将萌发的幼苗移至 1/2 MS 生根培养基(3.0% 蔗糖 +0.7% 琼脂 +0.1 mg/L NAA,pH 值为5.8)诱导生根。

2.2.3.6 再生植株倍性鉴定

采用 DNA 流式细胞仪(美国 BD 公司,FACSCAlibur 型)测定小孢子再生植株 DNA 含量。取小孢子植株 1 cm² 左右新生叶片置于直径为 60 mm 的培养皿中,加入 1 mL Chopping buffer [15 mmol/L Tris·HCl(pH 值为7.5),80 mmol/L KCl,20 mmol/L NaCl,20 mmol/L EDTA – Na₂,15 mmol/L巯基乙醇和体积分数为 0.05% 的 Triton X – 100],然后用剪刀快速剪碎叶片组织,用 300 目的筛网过滤至离心管中,以 10000 r/min 的转速离心 10 min,滤液备用。取 100 mL 滤液,向其中加入 1 mL PI 染液(0.01 mol/L 的 PBS 缓冲液,50 μg/mL RNase,50 μg/mL PI),避光染色 15 min,用 500 目的筛网过滤至样品管进行测定。以普通二倍体羽衣甘蓝嫩叶作为对照。

2.2.3.7 试管苗移栽

将小孢子植株在室温条件下炼苗 2~3 d 后,从培养基中取出,把培养基清洗干净,之后移栽到营养钵中,置于温室中培养,用塑料薄膜遮盖保湿。温室内白天温度控制在(28 ±5)℃,夜晚温度控制在(25 ±3)℃,光照为自然光照,当光照强烈时遮盖黑色遮阳网以降低温度。待植株长出 5~6 片真叶时鉴定其倍性。

2.2.3.8 加倍方法的比较

1.不同浓度秋水仙素处理对切根单倍体植株的加倍率的影响

将"波浪叶红心"和"皱叶红心"的单倍体小孢子植株根部切除(保留 3 片真叶),转至不含秋水仙素及含 50 mg/L、75 mg/L 和 100 mg/L 秋水仙素的 MS 培养基中处理 7 d,之后转入不含诱变剂的相同培养基中。

2. 不同浓度秋水仙素浸根处理对单倍体植株的加倍率的影响

以"波浪叶红心"和"皱叶红心"的单倍体试管苗作为研究对象,生根后将其根部清洗干净,浸于不含秋水仙素及秋水仙素浓度为 500 mg/L、1000 mg/L 和 2000 mg/L 的溶液中,时间均为 4 h,处理完毕后用水冲洗根部,移栽于小钵中,精心管理,直至植株恢复生长。

3. 不同时间下秋水仙素处理对小孢子的加倍率的影响

以同一次接种的花蕾为材料,利用秋水仙素对 4 个供试材料的游离小孢子进行处理。设置秋水仙素浓度为 50 mg/L,一组不做预处理(作为对照组),另外 4 种预处理时间分别为 24 h、36 h、48 h、72 h,比较不同处理时间下植株加倍率的差异。

2.3　结果与分析

2.3.1　羽衣甘蓝离体再生培养

2.3.1.1　基因型对愈伤组织诱导率的影响

三组基因型的羽衣甘蓝的外植体的愈伤组织诱导率如表 2 - 2 所示。结果表明,不同基因型的愈伤组织诱导率有明显差异。其中"维多利亚鸽"的愈伤组织诱导率最高,其带柄子叶的诱导率为 74.32%,下胚轴的诱导率为 65.79%,子叶的诱导率为 40.18%;"白鸽"的愈伤组织诱导率次之,其带柄子叶的诱导率为 66.82%,下胚轴的诱导率为 58.34%,子叶的诱导率为 38.12%;最差的是"双色鹤",其带柄子叶的诱导率为 59.18%,下胚轴的诱导率为 54.53%,子叶的诱导率为 34.70%。由此可见,基因型是影响愈伤组织诱导率的重要因素之一。

表 2-2　不同品种的愈伤组织诱导率

品种	愈伤组织诱导率/%		
	带柄子叶	子叶	下胚轴
维多利亚鸽	74.32[a]	40.18[a]	65.79[a]
白鸽	66.82[b]	38.12[ab]	58.34[b]
双色鹤	59.18[c]	34.70[bc]	54.53[b]

2.3.1.2　激素配比对愈伤组织诱导率的影响

将无菌幼苗的外植体接种于培养基上进行诱导,培养 25 d 后,其愈伤组织诱导率如表 2-3 所示。对不同培养基上的外植体的愈伤组织诱导情况进行观察、分析,可知,子叶和下胚轴在 L8 组培养基中的诱导效果最好,L0 组最差。在 L8 组培养基上带柄子叶的愈伤组织诱导率平均可达 70.54% ,子叶为 45.00% ,下胚轴为 61.63% 。带柄子叶愈伤组织诱导率在 L6 ~ L8 培养基上差异不显著,但明显优于其他培养基。

表 2 - 3 不同激素处理的愈伤组织诱导率

培养基编号	愈伤组织诱导率/%		
	带柄子叶	子叶	下胚轴
L0	3.32[g]	1.22[g]	2.99[f]
L1	9.01[f]	1.67[g]	8.17[e]
L2	20.35[e]	8.34[fg]	17.43[d]
L3	35.57[cd]	12.50[ef]	23.52[cd]
L4	40.32[c]	16.87[de]	32.50[c]
L5	50.68[b]	23.39[e]	47.89[b]
L6	61.75[a]	34.51[c]	53.76[ab]
L7	68.54[a]	40.79[b]	58.64[ab]
L8	70.54[a]	45.00[a]	61.63[a]
L9	4.57[g]	1.98[g]	3.79[f]

2.3.1.3 子叶切割方式对愈伤组织诱导率的影响

选取"维多利亚鸽"和 L8 组培养基作为材料,考查子叶切割方式对外植体愈伤组织诱导率的影响。如表 2 - 4 所示,横切子叶和纵切子叶的愈伤组织诱导率有显著性差异,横切子叶的愈伤组织诱导率为 33.33%,纵切子叶的愈伤组织诱导率为 25.00%。由此可见,横切子叶更适合愈伤组织的诱导。

表2-4 子叶切割方式对愈伤组织诱导率的影响

子叶切割方式	外植体数/个	愈伤组织数/个	诱导率/%
横切	24	8	33.33[a]
纵切	24	6	25.00[b]

2.3.1.4 外植体对愈伤组织诱导率的影响

图2-2中的数据显示,对3组基因型的羽衣甘蓝不同部位的外植体的平均愈伤组织诱导率进行比较分析,可得愈伤组织诱导效果最好的是带柄子叶,诱导率为66.77%;其次是下胚轴,诱导率为59.55%;效果最差的是子叶,诱导率为37.67%。

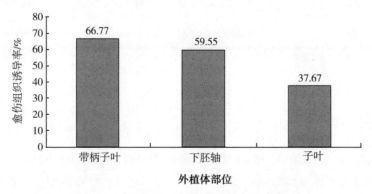

图2-2 不同部位外植体的愈伤组织诱导率

2.3.1.5 活性炭对愈伤组织褐化率的影响

采用"维多利亚鸽"品种的带柄子叶在L8组培养基中进行培养,考查培养基中添加0.3 g/L的活性炭对愈伤组织造成的影响。如表2-5所示,在培养基中添加0.3 g/L的活性炭与不添加活性炭对愈伤组织褐化率的影响有显著差异,添加了活性炭的愈伤组织的褐化率为14.29%,不添加活性炭的愈伤组织的褐化率高达55.04%。由此可见,活性炭可以有效降低羽衣甘蓝愈伤组织的褐化率。

表2-5 活性炭对愈伤组织褐化率的影响

活性炭/(g/L)	外植体数/个	愈伤组织数/个	褐化数/个	褐化率/%
0.0	24	20	11	55.04[a]
0.3	24	21	3	14.29[b]

2.3.2 羽衣甘蓝游离小孢子培养、植株再生及加倍

2.3.2.1 小孢子胚发生的细胞学观察

供试材料分离的小孢子在 NLN-13 培养基中以 33 ℃高温热激 24 h,之后转入 25 ℃ 条件下培养,3 d 后在倒置显微镜下可发现部分小孢子开始膨大,直径增至原来的 2~3 倍,膨大的小孢子多数呈圆形,也有少数呈椭圆形。在 25 ℃条件下继续暗培养,一些小孢子停止发育,一些小孢子膨大至细胞壁破裂,一些小孢子开始第一次均等或不均等分裂,7 d 左右后细胞经多次分裂形成多细胞团,大约 25 d 可以看到球形胚[图 2-3(a)]、心形胚[图 2-3(b)]、鱼雷形胚[图 2-3(c)]、子叶形胚[图 2-3(d)]及一小部分畸形发育的胚。在小孢子培养过程中,存在胚胎发育不同步的情况,因此,在同一培养皿中同时存在不同时期的胚状体。

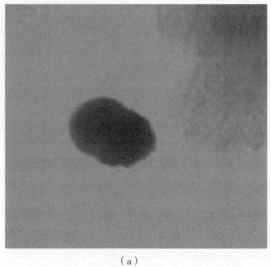

（a）

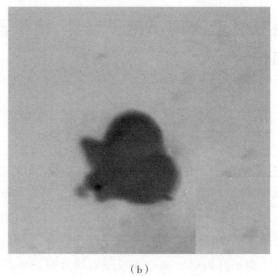

（b）

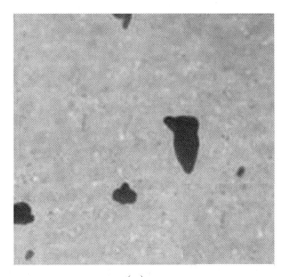

（c）

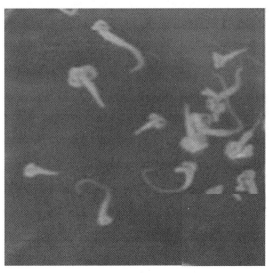

（d）

图 2 - 3　羽衣甘蓝小孢子胚状体

(a)球形胚;(b)心形胚;(c)鱼雷形胚;(d)子叶形胚

2.3.2.2 不同基因型羽衣甘蓝的胚诱导率

在不添加任何激素的 NLN‐13 培养基中,经33 ℃高温热激处理24 h 后,4 个品种的胚诱导率存在明显差异,如表2‐6 所示。可以看出,"Y009" 胚诱导率最高,为 1.97 个/蕾;其次为"Y010",胚诱导率为 1.40 个/蕾; "Y007"和"Y008"小孢子出胚情况较差,分别为 1.03 个/蕾和0.80 个/蕾; 而"Y014"没有出胚,多次重复培养均不能获得胚状体。由此可见,在未经任 何处理的情况下,供体植株的基因型对小孢子胚状体发生有一定的影响。

表2‐6 基因型对羽衣甘蓝小孢子胚诱导率的影响

品种名	花蕾数/个	总胚数/个	胚诱导率/(个/蕾)
Y007	30	24	0.80[dD]
Y008	30	31	1.03[cC]
Y009	30	59	1.97[aA]
Y010	30	42	1.40[bB]
Y014	30	0	0[eE]

注:表中同列数据后不同小写字母表示差异显著($P < 0.05$);不同大写字母表示差异极 显著($P < 0.01$)。

2.3.2.3 振荡培养对小孢子胚发生、发育的影响

以"Y009"和"Y010"为试材,比较两种培养方式对小孢子胚发生的影 响。如表2‐7 所示,2 种材料经过振荡培养后小孢子胚诱导率都有一定幅 度的提高。"Y009"振荡培养时胚诱导率为 2.13 个/蕾,比静置培养时(1.90

个/蕾)提高了 0.23 个/蕾,诱导率提高了 12.11% ;"Y010"每个花蕾诱导胚数从 1.33 个提高到 1.57 个,诱导率提高了 18.05% 。另外,2 种材料振荡培养较静置培养诱导形成小孢子胚的时间都缩短了 2 ~ 4 d。这说明一定的低速振荡培养能够促进胚状体的发生,加快胚诱导的速度。

表 2 - 7　振荡培养对羽衣甘蓝小孢子胚诱导率的影响

品种	处理	花蕾数/个	诱导胚数/个	胚诱导率/ (个/蕾)	出胚时间/d
Y009	振荡	30	64	2.13	25
	静置	30	57	1.90	23
Y010	振荡	30	47	1.57	29
	静置	30	40	1.33	25

另外,本试验还研究了振荡培养对小孢子胚状体发育的影响,结果如表 2 - 8 所示。可以看出,摇床低速振荡培养能够明显增加子叶形胚的诱导率,减少畸形胚诱导率。2 个供试品种经振荡培养后,子叶形胚诱导率分别由 35.09% 和 42.50% 提高到 71.90% 和 76.60% ;畸形胚诱导率分别由 15.79% 和 20.00% 降低到 6.25% 和 6.38% 。

表 2 - 8　振荡培养对羽衣甘蓝小孢子胚发育的影响

品种	处理	胚状体数/个	子叶形胚数/个	畸形胚数/个	子叶形胚 诱导率/%	畸形胚 诱导率/%
Y009	振荡	64	46	4	71.90	6.25
	静置	57	20	9	35.09	15.79
Y010	振荡	47	36	3	76.60	6.38
	静置	40	17	8	42.50	20.00

2.3.2.4　小孢子胚状体植株再生继代、生根及移栽

将 25 d 胚龄的胚状体转至 B_5 固体培养基上[图 2 - 4(a)]，子叶形胚 2 d 后直立生长，上部变为绿色，下部长出根毛[图 2 - 4(b)]，并且逐渐从生长点处抽生出芽[图 2 - 4(c)]，再生为小植株；鱼雷形胚、心形胚及球形胚接种后也变为绿色，长出白色根毛，但其不能直接抽生出芽，而是通过愈伤组织发育成苗[图 2 - 4(d)]；畸形胚则不能正常生长，呈现白化、停滞、僵化状态，直至死亡。

将小孢子植株顶芽切下置于继代培养基中培养，每 30 d 继代 1 次。继代 4 次后，将幼苗接种到生根培养基中，约 15 d 即可长出粗壮的根系[图 2 - 4(e)]。小孢子植株经继代后，长势强，移入生根培养基后易生根且根短粗。将试管苗移栽到自然环境生长前需炼苗 1～2 d，之后移栽于草炭和蛭石质量比为 2∶1 的营养钵中[图 2 - 4(f)]，适当地遮阴保湿。试验共得到 98 株小孢子再生植株。在所有供试品种中，"Y009"小孢子培养获得的再生植株数量最多，为 31 株；其次是"Y010"，为 25 株；"Y007"和"Y008"得到的植株较少，分别为 20 株和 18 株；而"Y014"没有得到胚状体，因此没有再生植株。

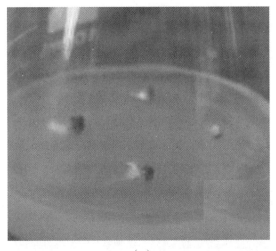

（a）

（b）

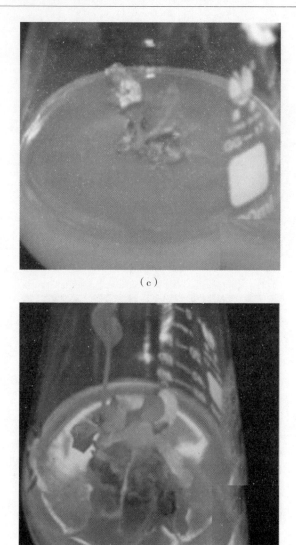

(c)

(d)

（e）

（f）

图 2-4　羽衣甘蓝小孢子胚的植株再生

（a）子叶形胚状体；（b）胚状体萌发；

（c）胚状体形成芽；（d）再生植株；

（e）再生植株诱导生根；（f）小孢子植株移栽成活

2.3.2.5　小孢子植株倍性鉴定

通过 DNA 流式细胞仪可以清楚地检测出植株倍性水平,二倍体(对照)与双单倍体的分离峰都出现在荧光强度 200 lx 处[图 2 - 5(b)],二者没什么区别;单倍体的分离峰出现在荧光强度 100 lx 处[图 2 - 5(a)];四倍体分离峰出现在荧光强度 400 lx 处[图 2 -5(c)]。对 4 种基因型的 98 株小孢子再生植株进行检测发现,单倍体、二倍体和四倍体同时存在(表 2 -9),并以单倍体和二倍体所占比例最高,试验中未检测到其他倍性或嵌合体的存在。"Y010"和"Y009"的小孢子植株只有 2 种倍性——单倍体和二倍体。其中"Y010"以二倍体为主,占植株总数的 92.0%,为 4 种基因型中自然加倍率最高的基因型;"Y009"的 31 株小孢子植株中 30 株为单倍体,单倍体比例高达 96.8%,是 4 种基因型中单倍体比例最高的,二倍体比例最低,仅为 3.2%;"Y007"和"Y008"的再生群体中 3 种倍性植株同时存在,二倍体比例分别为 65.0% 和 33.3%。可以看出,不同基因型材料间再生植株的自然加倍率差别很大。单倍体如果不进行人工处理,在生长后期则不能正常授粉、受精,就会失去利用价值,从而极大地浪费了试验材料。因此,尽早鉴定出小孢子植株倍性,及时对自然加倍率低的基因型进行人工加倍非常有必要。

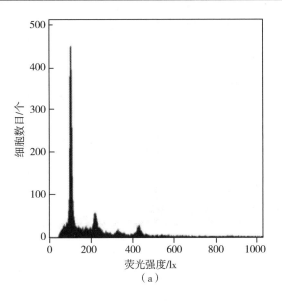

（a）

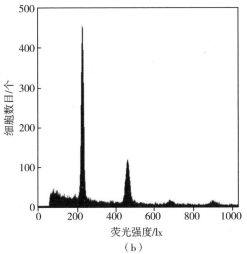

（b）

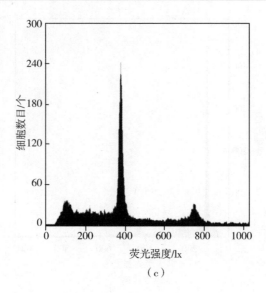

（c）

图 2 - 5   小孢子植株 DNA 流式细胞仪鉴定结果

（a）单倍体；（b）二倍体；（c）四倍体

表 2 - 9   羽衣甘蓝不同倍性小孢子植株所占比例

品种名	植株数量	单倍体		二倍体		四倍体	
		株数	所占比例/%	株数	所占比例/%	株数	所占比例/%
Y007	20	5	25.0	13	65.0	2	10.0
Y008	18	10	55.6	6	33.3	2	11.1
Y009	31	30	96.8	1	3.2	0	0
Y010	25	2	8.0	23	92.0	0	0

2.3.2.6　不同浓度秋水仙素处理对切根单倍体植株加倍的影响

将供试的单倍体试管苗切去根部,接种到不同浓度秋水仙素的 MS 固体培养基中培养 7 d 后,转入不含秋水仙素的 MS 培养基中继续培养,培养过程中发现试管苗叶片干枯脱落,茎基部形成肿块,阻碍植株吸收营养,大部分植株死亡,仅有少数植株可以存活。不同浓度秋水仙素处理对小孢子植株加倍的影响如表 2 – 10 所示,秋水仙素浓度为 50 mg /L 时,"波浪叶红心"获得了 1 株加倍植株,加倍率为 10.0% ;当培养基中秋水仙素浓度提高至 75 mg /L 时,双单倍体比例有所增加,"波浪叶红心"和"皱叶红心"的双单倍体比例分别为 20.0% 和 5.0% ;当培养基中秋水仙素浓度提高至 100 mg /L 时,2 种基因型均没有得到加倍植株。由此看出,这种加倍方法处理的植株双单倍体比例较低,并且后期小植株死亡率很高,因此不宜用于遗传育种研究。

表 2 – 10　不同浓度秋水仙素处理对切根单倍体苗染色体加倍的影响

秋水仙素浓度/(mg/L)	处理单倍体植株数		双单倍体植株数		双单倍体比例/%	
	波浪叶红心	皱叶红心	波浪叶红心	皱叶红心	波浪叶红心	皱叶红心
0	15	10	0	0	0	0
50	10	10	1	0	10.0	0
75	10	20	2	1	20.0	5.0
100	8	9	0	0	0	0

2.3.2.7 不同浓度秋水仙素浸根处理对单倍体植株加倍率的影响

不同浓度秋水仙素浸根处理对单倍体植株加倍率的影响如表 2 − 11 所示。当秋水仙素浓度增加时,会显著促进二倍体加倍,然而由于秋水仙素有致死效应,只有适当的浓度和处理时间,才能取得更好的诱导效果。小孢子植株群体倍性鉴定后,采用浓度为 500 mg/L、1000 mg/L 和 2000 mg/L 的秋水仙素溶液对单倍体植株诱变处理 4 h,结果表明,秋水仙素溶液最佳处理浓度为 1000 mg/L,2 种基因型植株的加倍率分别为 53.3% 和 25.0%。但是在植株移栽后缓苗较慢,成活率较低,花期容易出现花器官畸形的现象。

表 2 − 11 不同浓度秋水仙素浸根处理对单倍体植株加倍率的影响

秋水仙素浓度/(mg/L)	处理单倍体植株数		双单倍体植株数		加倍率/%	
	波浪叶红心	皱叶红心	波浪叶红心	皱叶红心	波浪叶红心	皱叶红心
0	10	10	0	0	0	0
500	15	9	4	1	26.7	11.1
1000	15	12	8	3	53.3	25.0
2000	8	9	3	3	37.5	33.3

2.3.2.8 不同时间下秋水仙素处理小孢子的加倍率

利用秋水仙素溶液处理游离小孢子,结果如表 2 − 12 所示。当用 50 mg/L 秋水仙素处理小孢子 24 h 后,再生植株中"红欧"的双单倍体比例最高,为 41.7%,"皱叶红心"的双单倍体比例最低,为 5.3%。4 种基因型与对照组相比,二倍体比例都略有提高;处理 36 h 的 4 种基因型双单倍体比例均为 4 种处理中最高,"红欧"的双单倍体比例为 55.6%,"皱叶红心"的双单倍体比例也达到 14.3%;当处理时间延长到 48 h 时,加倍率开始呈明显下降趋势。

表 2 – 12　不同时间下秋水仙素处理对离体小孢子再生植株染色体加倍的影响

处理时间/h	再生植株数				双单倍体植株数				双单倍体比例/%			
	红欧	白鸥	波浪叶红心	皱叶红心	红欧	白鸥	波浪叶红心	皱叶红心	红欧	白鸥	波浪叶红心	皱叶红心
0	14	20	16	26	5	5	3	1	35.7	25.0	18.8	3.8
24	12	9	8	19	5	3	2	1	41.7	33.3	25.0	5.3
36	18	9	14	21	10	4	5	3	55.6	44.4	35.8	14.3
48	14	10	11	15	3	2	2	1	21.4	20.0	18.2	6.7

2.4　讨论

2.4.1　羽衣甘蓝离体再生培养

在羽衣甘蓝的培养过程中经常产生污染,造成污染的原因有很多,如工作环境及仪器的因素、培养基及器皿灭菌不彻底、外植体带菌、操作时未严格遵守操作规程等,但造成污染的病原主要分为细菌和真菌两大类。真菌性污染主要指霉菌引起的污染(杜雪玲等,2005)。真菌性污染,一般由接种室内的空气不清洁、超净工作台的过滤装置失效、操作不慎等原因引起。羽衣甘蓝的离体再生培养需要无细菌感染的条件,但组织培养中的培养基在为植物供给养分的同时也特别容易让细菌生长,试验操作不规范以及种子的消毒方式都有可能导致培养过程中的环境被污染(夏铭等,1996)。所以在试验操作过程中需保证接种环境无细菌,培养基在配制完毕后应迅速封口灭菌,在使用灭菌锅时应避免放置过满导致蒸汽流通和热交换受阻,灭菌的容器内升温减慢,致使内部杀菌不彻底(中国科学院北京植物研究所和黑龙江省农业科学院,1977);在接种之前应将超净工作台清理干净,并用75%酒精擦拭,然后严格按照无菌室灭菌过程操作,用紫外灯在无菌室内灭菌,在接种时先用酒精将双手擦拭干净并经常用酒精灯灼烧镊子或手术刀,接种时在酒精灯半径15 cm 的范围内完成,培养瓶的瓶盖和三角瓶的封口膜都应倾斜放置在此范围内,操作时尽量避免双手或其他物品置于无盖的培养基以防止细菌掉进培养基,在无菌室操作的时候尽可能少说话或咳嗽,避免呼吸造成污染。种子的消毒严格按照如下程序进行:75%酒精30 s + 无菌水冲洗 3 次 + 0.1%升汞 8 min + 无菌水冲洗 4 次。

在特定环境下植物的全能性处于被抑制状态,一旦脱离这样的环境,其全能性必将通过脱分化和再分化过程重新表现出来,于是开始展开对激发植物细胞全能性条件的探索,细胞全能性(即材料的再生能力)的发挥是组织培养成功的关键(张彦妮,2006)。不同品种的羽衣甘蓝具有不同的基因型,所以它的细胞全能性不同,愈伤组织的分化能力也不同(李浚明,2002)。在试验中,比较不同基因型的所有外植体的愈伤组织诱导率,发现在 3 个品种的羽衣甘蓝中,"维多利亚鸽"的外植体愈伤组织诱导率最好,其次是"白鸽",最后是"双色鹤"。可能是因为"双色鹤"是原有的切花型羽衣甘蓝通过生长调节剂的控制矮化栽培而得到的新型品种,所以其对植物生长调节剂的反应较其他两个品种小。

外植体的类型对不定芽的诱导率具有较大的影响,本试验中羽衣甘蓝不定芽诱导能力最高的外植体为带柄子叶,下胚轴次之,子叶最差。在芥蓝的研究中发现这种差异可能与切段靠近茎尖生长点从而获得了较多的有利于分化的内源激素有关(李浚明,2002)。由于愈伤组织的细胞生长速度较快,细胞周期短,染色体发生变异的概率大,因而选用带柄子叶较为科学,这样可以在一定程度上避免脱分化和再分化过程引起的不良变异,从而保持材料的遗传稳定性(赵国凡和王兴理,1988)。

众所周知,在培养基中加入活性炭可以吸附有害物质,对细胞的生长有利。已有研究表明,这些被吸附的有害物质包括琼脂中所含的杂质,培养物在培养过程中分泌的酚、醌类物质以及蔗糖在高压消毒时产生的 5 - 羟甲基糠醛(刘用生和刘友勇,1994)。活性炭能吸附培养基中的生长调节物质。卜学贤和陈维伦(1988)的研究表明,每毫克的活性炭大约能吸附 100 μg 的生长调节物质。这说明只需要极少量的活性炭就可以完全吸附培养基中常用浓度的生长调节物质。但未能证明当足够敏感的外植体与吸附了生长调节物质的活性炭紧密接触时,是否仍能利用这些被吸附的生长调节物质,或者少量的未被吸附的生长调节物质仍在起作用。卜学贤和陈维伦(1988)推测可能是马铃薯花药对生长调节物质非常敏感,可以对被固定的 6 - BA 或极微量未被吸附的 6 - BA 起反应,也可能是活性炭的粒度或其他原因导致的。影响活性炭对生长调节物质吸附的因素较多,包括活性炭本身粒度的大小、培养基状态、pH 值和培养温度等。活性炭的粒度越小,吸附能力越强,随着粒度增大,吸附能力急剧下降。活性炭在固体培养基中吸附速率小,而在液体培养基中吸附速率大(王敬驹等,1983)。此外,低的 pH 值和高的培养温度都能加速活性炭对生长调节物质的吸附。总之,活性炭对培养基中生长调节物质的吸附作用较复杂,尚待深入研究。

据报道,活性炭还能吸附培养基中的 eF - EDTA、维生素 B、叶酸和烟酸,但不能吸附氮、磷、钾、钙和镁。此外,活性炭还能使消毒后培养基的 pH 值增大(周俊辉等,2000)。

活性炭能吸附培养基中的有害物质,并在植物组织培养的许多方面都有积极作用,值得进一步推广使用。但同时活性炭又能吸附生长调节物质和其他培养基成分,尤其是当较高浓度的活性炭与常量的生长调节物质同时使用时,活性炭常常能抵消生长调节物质的作用。因此,在使用活性炭时必须考虑其两面性,调整好活性炭与生长调节物质等培养基成分的用量,使其皆能发挥作用(姚洪军等,1999)。从目前大量的组培文献来看,活性炭的使用浓度多在 0.02% ~ 1.0% 之间,尤以 0.1% ~ 0.5% 最常用。对不同培养材料和培养方式来说,究竟多大浓度最为适宜,尚缺乏研究(鲁旭东,1999)。

人们习惯按常用的浓度加入培养基,很少做浓度对比试验,甚至随意抓一撮放入培养基,缺乏量的概念。因此,出现了不少活性炭抑制新梢生长和抑制生根的表面现象,这是今后应该注意的问题。如果我们正确使用活性炭,相信对组培工作会大有益处(祝朋芳,2003)。

2.4.2 羽衣甘蓝游离小孢子培养、植株再生及加倍

本试验采用5种不同基因型的羽衣甘蓝品种进行游离小孢子培养,有4种成功获得了小孢子胚,而品种"Y014"没有得到小孢子胚,胚诱导率为80%,说明在羽衣甘蓝小孢子培养中存在着基因型依赖性问题。这与前人在花椰菜(顾宏辉等,2004)、芥蓝(何杭军等,2004)和青花菜(曾爱松等,2014)等甘蓝类作物游离小孢子培养中得到的结论是一致的。另外,在获得胚状体的基因型中,胚发生率存在着明显差异,且试验发现羽衣甘蓝胚发生率明显低于甘蓝型油菜(朱彦涛等,2005;介智靖,2010)、大白菜(刘凡等,1997)、结球甘蓝(王五宏等,2013)等作物,这可能是羽衣甘蓝花粉发育不一致,同一花药的花粉发育阶段不统一造成的。

采用振荡培养代替静置培养有利于小孢子胚的发生和发育,这与蒋武生等(2008)和杨红丽(2015)在大白菜和甘蓝小孢子培养中所得的试验结果一致。一方面,由于振荡培养改善了培养基的通气状况,促进了小孢子的呼吸作用;另一方面,振荡培养可以把小孢子发育过程中产生的不利于自身生长的物质快速稀释。然而,振荡频率不宜过高,以免高速旋转将幼小的胚状体溅到培养皿边缘和顶部阻碍其继续发育(付颖等,2011)。本研究采用60 r/min转速对"Y009"和"Y010"两个品种进行振荡培养也获得了相同的试验效果,振荡培养的小孢子胚诱导率分别提高了12.11%和18.05%,胚形成时间缩短了2~4 d,并提高了子叶形胚的比例。除上述作用外,Yang等(2013)在青梗菜小孢子培养中还发现,振荡培养形成的胚能得到高的植株再生频率。

通过游离小孢子培养获得的植株倍性组成复杂,往往是双单倍体、单倍体、多倍体以及嵌合体组成的混合群体,因此有必要对其进行倍性鉴定。不同作物小孢子胚发生过程中,染色体自然加倍频率不同。在白菜类蔬菜作

物的小孢子胚胎发生过程中,染色体自然加倍率通常在 50% ~70%(张凤兰和钉贯靖久,1993;马丽华等,2007;方淑桂等,2009;高素燕等,2009);青花菜小孢子植株的二倍体率达到 66.7% ~77.8%(张振超等,2014);而甘蓝型油菜小孢子植株平均自然加倍率仅为 20%(周伟军等,2002b)。本研究对供试观赏羽衣甘蓝材料小孢子植株的染色体倍性进行鉴定,结果发现不同基因型材料小孢子植株的自然加倍率差异较大,其中“Y010”二倍体率最高达到92.0%;“Y009”二倍体率最低,仅有 3.2%;“Y007”和“Y008”的再生群体中二倍体率分别为 65.0% 和 33.3%。这种自然加倍所得的 DH 植株,省去了用秋水仙素等方法进行人工加倍的步骤,对于游离小孢子培养技术的直接应用十分有利。

由小孢子培养得到的再生植株群体普遍存在倍性复杂的现象(Kellerdeng;1975;马丽华等,2007)。不同倍性植株在一些形态特征上存在差异。单倍体植株花蕾较小,没有花药或花药短缩,生活力、生长势等较正常二倍体差;二倍体植株花器官发育正常,生长势强;倍性水平高的植株叶片、花蕾较二倍体大(周元昌和 Kennedy,2002;刘文革等,2003)。然而,植株形态鉴定法易受植株长势、养分条件等因素影响,且需要熟知不同倍性植株的形状特征,其影响因素较多并具有一定滞后性。利用 DNA 流式细胞仪测定 DNA含量并进行分析,可以在早期对植株倍性进行鉴定,省去了不必要的工作,进而提高育种效率,且准确率高达 94.4%(韩阳等,2006)。但所需仪器设备及药品价格昂贵,鉴定成本较高,很多育种单位尚不具备这种能力。单倍体植株长势弱、存活率低,对于这些自然加倍率低的基因型有必要在适宜的时期采用一定浓度的秋水仙素处理,可以起到较好的加倍效果,从而满足育种工作的需要。不同基因型材料之间倍性分布也有明显不同,因此在再生植株生长发育早期阶段,快速、准确地鉴定染色体倍性,及时采取适当的加倍处理显得尤为重要。

单倍体植株能正常地生长到开花期,但由于缺少同源染色体,减数分裂不能正常进行,因而不能形成有活力的花粉,无法正常结实,单倍体植株能否二倍化是游离小孢子培养技术的关键性问题,加倍率直接影响小孢子培养的结果。目前普遍采用秋水仙素进行染色体加倍,Polsoni 等(1988)在植株的花期将鉴定出的单倍体拔出,用秋水仙素浸根,提高了加倍率;朱彦涛等(1998)在甘蓝型油菜小孢子植株加倍研究中发现,移栽前对试管苗浸根,植株加倍率和成活率最高;Zhou 等(2002)用秋水仙素处理油菜小孢子后再生植株的加倍率达到70%。本研究系统比较了各种不同浓度秋水仙素的加倍效果,将单倍体苗置于含秋水仙素的培养基中进行加倍处理,秋水仙素用量少,但对试管苗生长造成极其不利的影响,效果最差。在小苗移栽前用高浓度的秋水仙素溶液浸根的方法比较简便,但高浓度秋水仙素对小苗毒性大,植株生长后期容易出现花器官畸形;而用浓度为 50 mg/L 的秋水仙素处理油菜游离小孢子 36 h 时加倍率最高,达到52.9%,而且秋水仙素对小孢子发育、胚状体再生和植株生长的影响较小,基本不会影响试管苗移栽成活率(刘志文等,2005),也有人认为添加秋水仙素于 NLN 培养基中可以提高胚诱导率(Wei 等,2008),具体的机理还有待进一步研究。

2.5　结论

2.5.1　羽衣甘蓝离体再生培养

本试验以羽衣甘蓝"维多利亚鸽""白鸽""双色鹤"3 个品种为试验材料,通过组织培养诱导愈伤组织分化,研究激素配比、基因型、外植体、活性炭、子叶切割方式等因素对愈伤组织诱导率的影响。通过试验和数据分析得出以下结论:

(1)在 3 个品种的羽衣甘蓝里,"维多利亚鸽"的愈伤组织诱导效果最佳,其次是"白鸽",最后是"双色鹤"。

(2)通过对 9 组不同浓度激素配比的愈伤组织诱导率进行方差分析,得出在 9 组激素培养基中最适合羽衣甘蓝愈伤组织诱导的是:MS + 2.0 mg/L 6 – BA + 0.5 mg/L NAA。

(3)横切子叶的愈伤组织诱导率高于纵切子叶。

(4)在带柄子叶、子叶、下胚轴形成的愈伤组织中,带柄子叶的诱导率是最高的,其次是下胚轴,子叶的诱导效果是最差的。

(5)添加0.3 g/L的活性炭可以显著地降低愈伤组织的褐化率。

2.5.2　羽衣甘蓝游离小孢子培养、植株再生及加倍

(1)在供试的5份羽衣甘蓝材料中,有4个形成了胚,分别为"Y007""Y008""Y009"和"Y010",平均出胚率分别为0.80个/蕾、1.03个/蕾、1.97个/蕾和1.40个/蕾;"Y014"多次重复培养均不能获得胚状体。在60 r/min转速下振荡培养能够促进羽衣甘蓝胚状体的发生,加快胚诱导的速度,有利于提高子叶形胚发生的比例。小孢子再生植株中单倍体、二倍体和四倍体同时存在,不同基因型的倍性变异具有多样性,染色体自然加倍率在3.2% ~ 92.0%之间。

(2)用含75 mg/L秋水仙素的培养基处理单倍体试管苗时,"波浪叶红心"和"皱叶红心"的双单倍体比例分别为20.0%、5.0%,效果较差;用1000 mg/L秋水仙素溶液对双单倍体植株进行浸根处理,加倍率分别为53.3%和25.0%,效果较好;秋水仙素溶液处理游离小孢子36 h的加倍效果最好。

参考文献

[1]Burnett L, Yarrow S, Huang B. Embryogenesis and plant regeneration from isolated microspores of *Brassica rapa* L. ssp. Oleifera[J]. Plant Cell Reports, 1992, 11(4): 215 – 218.

[2]Chen Z Z, Snyder S, Fan Z G, et al. Efficient production of doubled haploid plants through chromosome doubling of isolated microspores in *Brassica napus* [J]. Plant Breeding, 1994, 113(3): 217 – 221.

[3]Chuong P V, Beversdorf W D. High frequency embryogenesis through isola-

ted microspore culture in *Brassica napus* L. and *B. carinata* Braun [J]. Plant Science, 1985, 39(3): 219 - 226.

[4] Chuong P V, Deslauriers C, Kott L S, et al. Effects of donor genotype and bud sampling on microspore culture of *Brassica napus* [J]. Canadian Journal of Botany, 1988, 66(8):1653 - 1657.

[5] Duijs J G, Voorrips R E, Voorrips D L, et al. Microspore culture is successful in most crop types of *Brassica oleracea* L. [J]. Euphytica, 1992, 60(1): 45 - 55.

[6] Hause B, van Veenendaal W L H, Hause G, et al. Expression of polarity during early development of microspore - derived and zygotic embryos of *Brassica napus* L. cv. Topas [J]. Botanica Acta, 1994, 107 (6): 407 - 415.

[7] Keller W A, Rajhathy T, Lacapra J. In vitro production of plants from pollen in *Brassica campestris* [J]. Can J Genet Cytol, 1975, 17: 655 - 666.

[8] Kott L S, Polsoni L. Autotoxicity in isolated microspore cultures of Brassica napus [J]. Canadian Journal of Botany, 1988, 66(8): 1665 - 1670.

[9] Kuginuki Y, Miyajima T, Masuda H, et al. Highly regenerative cultivars in microspore culture in *Brassica oleracea* L. var. *capitata* [J]. Breeding Science, 1999, 49(4): 251 - 256.

[10] Kyo M, Harada H. Studies on conditions for cell division and embryogenesis in isolated pollen culture of *Nicotiana rustica* [J]. Plant Physiol, 1985, 79: 90 - 94.

[11] Lichter R. Efficient yield of embryo by culture of isolated microspores of different *Brassicaceae species* [J]. Plant Breeding, 1989, 103(2): 119 - 123.

[12] Lichter R. Induction of haploid plants from isolated pollen of *Brassica napus* [J]. Zeitschrift für Pflanzenphysiologie, 1982, 105(5):427 - 434.

[13] Mathias R, Robbelen G. Effective diploidization of microspore - derived haploids of rape (*Brassica napus* L.) by in vitro colchicine treatment [J]. Plant Breeding, 1991, 106(1): 82 - 84.

[14] Mollers C, Iqbal M C M, Robbelen G. Efficient production of doubled hap-

loid Brassica napus plants by colchicines treatment of microspores [J]. Euphytica, 1994, 75: 95 – 104.

[15] Polsoni L, Kott L S, Berersodorf W D. Large – scale microspore culture technique for mutation – selection studies in *Brassica napus* [J]. Canadian Journal of Botany, 1988, 66(8): 1681 – 1685.

[16] Roberrs S, Suharsono S, Jacobsen E, et al. Successful development of a shed – microspore culture protocol for doubled haploid production in Indonesian hot pepper (*Capsicum annuum* L.) [J]. Plant Cell Reports, 2006, 25 (1):1 – 10.

[17] Sato T, Nishio T, Hirai M. Plant regeneration (*Brassica campestris* ssp. *Pekinensis*) from isolated microspore cultures of Chinese cabbage [J]. Plant Cell Reports, 1989, 8(8): 486 – 488.

[18] Swanson E B, Coumans M P, Wu S C, et al. Efficient isolation of microspores and the production of microspore – derived embryos from *Brassica napus*[J]. Plant Cell Reports, 1987, 6: 94 – 97.

[19] Swanson E B, Herrgesell M J, Arnoldo M, et al. Microspore mutagenesis and selection: canola plants with field tolerance to the imidazolinones[J]. Theor. Appl. Genet. ,1989,78(4): 525 – 530.

[20] Takahata Y, Brown D C W, Keller W A. Effect of donor plant age and inflorescence age on microspore culture of *Brassica napus* L. [J]. Euphytica, 1991, 58(1): 51 – 55.

[21] Wei Z, Qiang F, Dai X G, et al. The culture of isolated microspores of ornamental kale (*Brassica oleracea* var. *acephala*) and the importance of genotype to embryo regeneration [J]. Scientia Hotticulturae, 2008, 117(1): 69 – 72.

[22] Tang H R, Ren Z L, Reustle G, et al. Plant regeneration from leaves of sweet and sour cherry cultivars [J]. Scientia Horticulturae, 2002, 93(3 – 4): 235 – 244.

[23] Yang S, Liu X L, Fu Y, et al. The effect of culture shaking on microspore embryogenesis and embryonic development in Pakchoi (*Brassica rapa* L.

ssp. chinensis)［J］. Scientia Horticulturae, 2013, 152：70 – 73.

［24］Zhang G Q, Zhang D Q, Tang G X, et al. Plant development from micro-spore – derived embryos in oilseed rape as affected by chilling, desiccation and cotyledon excision ［J］. Biologia Plantarum, 2006, 50（2）：180 – 186.

［25］Zhou W J, Tang G X, Hagberg P. Efficient production of doubled haploid plants by immediate colchicine treatment of isolated microspores in winter *Brassica napus*［J］. Plant Growth Regulation, 2002, 37(2)：185 – 192.

［26］卜学贤,陈维伦. 活性炭对培养基中植物生长调节物质的吸附作用[J]. 植物生理学报,1988,14(4):401 – 405,409.

［27］曹鸣庆,李岩,蒋涛,等. 大白菜和小白菜游离小孢子培养试验简报[J]. 华北农学报,1992,7(2):119 – 120.

［28］曹鸣庆,李岩,刘凡. 基因型和供体植株生长环境对大白菜游离小孢子胚胎发生的影响[J]. 华北农学报,1993,8(4):1 – 6.

［29］曾爱松,华秀红,张云霞,等. 四倍体青花菜小孢子培养及胚胎发育途径研究[J]. 核农学报,2014,28(8):1358 – 1364.

［30］陈海伟. 植物组织培养研究进展[J]. 赤峰学院学报(自然科学版),2007,23(6):16 – 17.

［31］陈军,陈正华,刘澄清,等. 甘蓝型油菜游离小孢子培养的胚胎发生[J]. 遗传学报,1995,22(4):307 – 315.

［32］陈学森,张艳敏,董会. 植酸在银杏组织培养中应用的研究[J]. 天然产物研究与开发,1997,9(2):24 – 27.

［33］程小兰. 植物组织培养技术在农业生产中的应用探究[J]. 农技服务,2015,32(5):208 – 210.

［34］董雁,赵继梅,别婉丽,等. 继代培养基再利用研究[J]. 辽宁林业科技,1998,4:3 – 5.

［35］杜雪玲,张振霞,余如刚,等. 植物组织培养中的污染成因及其预防[J]. 草业科学,2005,22(1):24 – 27.

［36］方淑桂,陈文辉,曾小玲,等. 不同熟性大白菜小孢子植株倍性变异及倍性鉴定方法[J]. 福建农业学报,2009,24(4):304 – 307.

[37]冯辉,姜凤英,冯建云,等. 羽衣甘蓝游离小孢子培养技术研究及应用[J].
园艺学报,2007,34(4):1019–1022.

[38]付文婷. 大白菜游离小孢子胚诱导及植株再生技术研究[D]. 咸阳:西
北农林科技大学,2010.

[39]付颖,杨硕,包美丽,等. 小菘菜游离小孢子培养技术研究[J]. 中国蔬
菜,2011,4(8):51–54.

[40]高素燕,侯喜林,李英,等. 不结球白菜小孢子胚植株再生及倍性研究[J].
西北植物学报,2009,29(6):1091–1096.

[41]耿建峰,原玉香,张晓伟,等. 利用游离小孢子培养育成早熟大白菜新品
种"豫新5号"[J]. 园艺学报,2003,30(2):249.

[42]杜勤,竺莉红,梁海曼,等. 无外源激素条件下液体和固体培养基对黄瓜
子叶培养器官分化的不同影响[J]. 生物技术,1996,6(1):17–19.

[43]顾宏辉,楼健,周伟军. 秋水仙碱在油菜小孢子培养中的应用研究进展[J].
中国油料作物学报,2003,25(2):103–106.

[44]顾宏辉,唐桂香,张国庆,等. 冬性花椰菜的小孢子胚诱导和植株再生研
究[J]. 浙江大学学报(农业与生命科学版),2004,30(1):34–38.

[45]官春云. 油菜小孢子培养和双单倍体育种研究 I.供体植株和小孢子密
度对小孢子培养的影响[J]. 作物学报,1995,21(6):665–669.

[46]韩阳,叶雪凌,冯辉. 大白菜小孢子植株的倍性变异及倍性鉴定方法的
研究[J]. 中国蔬菜,2006(11):9–11.

[47]何杭军,王晓武,汪炳良. 芥蓝游离小孢子培养初报[J]. 园艺学报,
2004,31(2):239–240.

[48]黄普乐,吴伟锋,孙崇波,等. 羽衣甘蓝花药离体培养研究[J]. 浙江农
业科学,2005(2):114–115.

[49]王纪方,贾春兰.园艺植物组培苗工厂化生产(一)发展概况及应用
价值[J]. 农村实用工程技术,1995(7):8–10.

[50]姜凤英,冯辉. 羽衣甘蓝游离小孢子培养初报[J]. 园艺学报,2005,32
(5):884.

[51]姜凤英,冯辉. 植物生长调节剂对羽衣甘蓝小孢子胚发生的影响[J].
园艺学报,2006,33(3):642–644.

[52]蒋武生,姚秋菊,张晓伟,等. 活性炭和振荡培养对提高大白菜胚诱导率的影响[J]. 中国瓜菜,2008(4):1-3.

[53]介智靖. 甘蓝型油菜小孢子培养及倍性鉴定[D]. 郑州:郑州大学, 2010:13-16.

[54]李浚明. 植物组织培养教程[M]. 北京:中国农业大学出版社,2002 (5):65-67.

[55]李岩,刘凡,曹鸣庆. 通过游离小孢子培养方法获得小白菜三个变种的胚胎及植株[J]. 华北农学报,1993,8(3):92-97.

[56]李云水. 植物组织培养技术在生产上的应用与进展[J]. 北京农业,2014 (9):14-16.

[57]栗根义,高睦枪,杨建平,等. 利用游离小孢子培养技术育成豫白菜7号 (豫园1号)[J]. 中国蔬菜,1998(4):16-19.

[58]栗根义,高睦枪,赵秀山. 大白菜游离小孢子培养[J]. 园艺学报,1993, 20(2):167-170.

[59]梁一池,杨华. 植物组织培养技术的研究进展[J]. 福建林学院学报, 2002,22(1):93-96.

[60]刘成洪,王亦菲,陆瑞菊,等. 用气孔保卫细胞周长鉴定甘蓝型油菜植株倍性水平[J]. 上海农业学报,2002,18(3):35-38.

[61]刘凡,李岩,姚磊,等. 培养基水分状况对大白菜小孢子胚成苗的影响[J]. 农业生物技术学报,1997,5(2):131-136.

[62]刘文革,王鸣,阎志红. 蔬菜作物多倍体育种研究进展[J]. 长江蔬菜, 2003(1):29-33.

[63]刘雪平,刘志文,涂金星,等. 甘蓝型油菜小孢子培养技术的几项改进[J]. 遗传,2003,25(4):433-436.

[64]刘用生,刘友勇. 植物组织培养中活性炭的使用[J]. 植物生理学通讯, 1994,30(3):214-217.

[65]刘志文,刘雪平,傅廷栋,等. 甘蓝型油菜小孢子培养的胚诱导和加倍效率的研究[J]. 华中农业大学学报,2005,24(4):339-342.

[66]卢思. 植物组织培养技术及应用[J]. 科技展望,2016(11):73.

[67]鲁旭东. 植物组织培养中褐变的发生及防止[J]. 农业与技术,1999,19(4):8.

[68] 马丽华, 沈火林, 王娟娟, 等. 不结球白菜小孢子胚成苗及倍性变异研究 [J]. 华北农学报, 2007, 22 (Z1): 200 – 203.

[69] 牛媛媛. 大白菜游离小孢子培养技术研究及初步应用 [D]. 福州: 福建农林大学, 2005.

[70] 桑玉芳, 张恩慧, 杨安平, 等. 甘蓝游离小孢子培养中影响胚状体形成的主要因素 [J]. 西北农业学报, 2007, 16 (2): 125 – 129.

[71] 申书兴, 赵前程, 刘世雄, 等. 四倍体大白菜小孢子植株的获得与倍性鉴定 [J]. 园艺学报, 1999, 26 (4): 232 – 237.

[72] 石淑稳, 吴江生, 周永明, 等. 甘蓝型油菜小孢子单倍体二倍化技术的研究 [J]. 中国油料作物学报, 2002, 24 (1): 1 – 5.

[73] 石淑稳, 周永明, 吴江生, 等. 甘蓝型油菜小孢子培养、染色体加倍、试管苗继代越夏和田间移栽配套技术的研究及其在油菜育种中的应用 [J]. 中国农学通报, 2001, 17 (2): 57 – 59.

[74] 汤青林, 宋明, 张钟灵. 甘蓝类蔬菜游离小孢子培养研究进展 [J]. 西南农业学报, 2000, 13 (3): 98 – 103.

[75] 陶静, 詹亚光, 由香玲, 等. 白桦组培再生系统的研究 (Ⅲ): 组培过程中内源激素的变化 [J]. 东北林业大学学报, 1998, 26 (6): 6 – 9.

[76] 田长恩, 叶蕙, 李人圭, 等. 甜瓜子叶离体培养不定根发生过程中多胺和可溶性蛋白含量以及过氧化物酶活性的变化 (简报) [J]. 植物生理学通讯, 1998, 34 (2): 105 – 107.

[77] 佟智慧. 青花菜 (*Brassica oleracea* L.) 游离小孢子培养技术研究 [D]. 福州: 福建农林大学, 2009.

[78] 王晨. 甘蓝型油菜基因型对小孢子染色体加倍的反应及倍性鉴定 [D]. 武汉: 华中农业大学, 2005.

[79] 王得元, 何晓明, 王鸣. 蔬菜生物技术概论 [M]. 北京: 中国农业出版社, 2002.

[80] 王汉中, 王新发, 刘贵华, 等. 甘蓝型杂交油菜亲本的小孢子培养技术研究 [J]. 中国油料作物学报, 2004, 26 (1): 1 – 4.

[81] 王敬驹, 匡柏健, 曾慧, 等. 提高甘蔗组织培养效率的研究 [J]. 植物学通报, 1983 (2): 17 – 20.

[82]王莎莎. 甘蓝小孢子发育观察与小孢子培养中高出胚率的诱导技术研究[D]. 咸阳:西北农林科技大学,2008.

[83]王涛涛,李汉霞,张继红,等. 红菜薹游离小孢子培养与植株再生[J]. 武汉植物学研究,2004,22(6):569 – 571.

[84]王五宏,叶国锐,李必元,等. 结球甘蓝小孢子胚诱导与植株再生[J]. 核农学报,2013,27(6):715 – 722.

[85]王亚茹,邓高松,李云,等. 秋水仙碱对微管蛋白的作用机制及其细胞效应研究进展[J]. 西北植物学报,2010,30(12):2570 – 2576.

[86]吴多. 植物组织培养技术在林业生产中的应用[J]. 民营科技,2015(3):229 – 232.

[87]吴江生,石淑稳,周永明,等. 甘蓝型双低油菜品种华双3号的选育和研究[J]. 华中农业大学学报,1999,18(1):1 – 4.

[88]吴元立,严学成. 银杏成熟胚乳培养的细胞组织学观察[J]. 果树科学,1998,15(4):327 – 331.

[89]夏铭,吴绛云,张丽梅. 红豆杉组织培养中褐变问题的研究[J]. 生物技术,1996,6(3):18 – 20.

[90]严准,田志宏,孟金陵. 甘蓝游离小孢子培养的初步研究[J]. 华中农业大学学报,1999,18(1):5 – 7.

[91]杨红丽,胡靖锋,徐学忠,等. 影响甘蓝小孢子胚状体发生的因素研究[J]. 山东农业科学,2015,47(2):21 – 24,28.

[92]杨清,曹鸣庆. 通过花药漂浮培养提高花椰菜小孢子胚胎发生率[J]. 华北农学报,1991,6(3):65 – 69.

[93]姚洪军,罗晓芳,田砚亭. 植物组织培养外植体褐变的研究进展[J]. 北京林业大学学报,1999,21(3):78 – 84.

[94]姚军,武剑,王晓武,等. 小白菜小孢子培养再生植株的倍性与基因组DNA甲基化的关系[J]. 中国蔬菜,2009(14):12 – 16.

[95]余凤群,刘后利,傅丽霞,等. 甘蓝型油菜游离小孢子培养中挽救小胚状体的研究[J]. 华中农业大学学报,1995,14(6):522 – 526.

[96]原玉香,张晓伟,耿建峰,等. 利用游离小孢子培养技术育成早熟大白菜新品种"豫新60"[J]. 园艺学报,2004,31(5):704.

[97] 张德双,曹鸣庆,秦智伟. 绿菜花双核期小孢子比例对游离小孢子培养的影响[J]. 园艺学报,1998,25(2):201 - 202.

[98] 张凤兰,钉贯靖久,吉川宏昭. 环境条件对白菜小孢子培养的影响[J]. 华北农学报,1994,9(1):95 - 100.

[99] 张凤兰,钉贯靖久. 大白菜小孢子再生植株自然加倍率的探讨[J]. 北京农业科学,1993,11(2):23 - 25.

[100] 张凤兰,高田义人. 甘蓝型油菜小孢子培养胚发生能力的遗传分析[J]. 华北农学报,2001,16(1):27 - 32.

[101] 张晓伟,耿建峰,原玉香,等. 耐热大白菜豫早1号(豫白1号)的选育[J]. 中国蔬菜,2002(5):18 - 19.

[102] 张彦妮. 影响植物组织培养成功的因素[J]. 北方园艺,2006(3):132 - 133.

[103] 张振超,戴忠良,秦文斌,等. 青花菜小孢子再生植株加倍及倍性鉴定[J]. 蔬菜,2014(1):15 - 18.

[104] 赵建萍,毕可华,蒋小满,等. 多效唑对艾西丝南瓜离体繁殖的影响(简报)[J]. 植物生理学通讯,1998,34(6):435 - 437.

[105] 赵秀枢,李名扬,张文玲,等. 观赏羽衣甘蓝高频再生体系的建立[J]. 基因组学与应用生物学,2009,28(1):141 - 148.

[106] 郑祖玲,张承妹,李树林,等. 甘蓝型油菜(*Brassica napus* L.)花粉培养及植株再生[J]. 上海农业学报,1986,2(3):9 - 16.

[107] 周俊辉,周家容,曾浩森,等. 园艺植物组织培养中的褐化现象及抗褐化研究进展[J]. 园艺学报,2000,27:481 - 486.

[108] 周伟军,毛碧增,顾宏辉,等. 秋水仙碱及热击与低温诱导对油菜小孢子胚状体成苗率的影响[J]. 作物学报,2002,28(3):369 - 373.

[109] 周伟军,毛碧增,唐桂香,等. 甘蓝型油菜小孢子再生植株染色体倍数检测研究[J]. 中国农业科学,2002,35(6):724 - 727.

[110] 周元昌,Kennedy S. 抱子甘蓝花培苗倍性的快速鉴定[J]. 福建农业大学学报(自然科学版),2002,31(1):55 - 58.

[111] 周志国,龚义勤,王晓武,等. 不同萝卜品种游离小孢子的诱导及培养体系优化研究[J]. 西北植物学报,2007,27(1):33 - 38.

[112]朱彦涛,胡新强,李殿荣.甘蓝型油菜生根培养基的筛选[J].安徽农业大学学报,2000,27(1):86-88.

[113]朱彦涛,李殿荣,胡新强.甘蓝型油菜小孢子植株加倍方法及对植株农艺性状的影响研究[J].陕西农业科学,1998(2):1-3,10.

[114]朱彦涛,李殿荣,杨淑慎.低温预处理和基因型对甘蓝型油菜小孢子胚胎发生的影响[J].西北农林科技大学学报(自然科学版),2005,33(5):88-94.

[115]朱允华,刘明月,吴朝林.影响菜心游离小孢子培养的因素[J].长江蔬菜,2003(9):46-47.

[116]祝朋芳,刘丽,周广柱,等.羽衣甘蓝的离体培养研究[J].沈阳农业大学学报,2003,34(4):249-251.

第 3 章

羽衣甘蓝转录组分析
及叶色相关基因克隆

3.1　概述

转录组学研究作为批量研究基因的重要手段,彻底改变了以往单个或少数几个基因零打碎敲的研究模式,将基因组学研究带入了高速发展的时代。高通量转录组测序技术在近些年来迅速发展,通过全转录功能基因组测序,许多植物的一些重要功能基因被挖掘出来,从而揭示了不同生物学性状的分子机制。高通量转录组测序已经成为研究功能基因的重要手段之一。正因为如此,这项技术被逐渐应用于观赏植物育种的研究,上百种植物已经完成了转录组测序。杨楠等(2012)利用蜡梅花转录组数据库研究次生代谢产物,由此得到与花香、花色、生物碱合成途径相关的基因,为蜡梅研究开发应用开拓了新领域;石文芳(2012)对野生藏梅的根、茎、叶、花、果实均进行了转录组测序,成功构建了梅花的转录组文库,丰富了梅花转录组数据库信息,同时为研究梅花生物学性状的分子机制奠定了基础;另外,对牡丹、菊花、郁金香、石蒜等也均陆续开展了转录组测序研究(Chang 等,2011;Shahin 等,2012;Wang 等,2013;林艺华等,2017)。王炜等(2017)通过 Illumina HiSeq 2500 对滇山茶花叶转录组进行测序,得到 228862 条单基因序列,筛选得到了 4851 条差异表达基因,进一步筛选出了差异表达基因注释序列最多的 15 条代谢通路,其中卟啉和叶绿素代谢途径中的 $GluRS$、$\delta-ALAD$、$ALAS$ 基因和类黄酮合成途径中的 ANS、LAR、CHS 基因与滇山茶的花叶形成密切相关。张少平等(2016)通过 Illumina HiSeq 2500 高通量测序获得紫色黄秋葵转录组的 5.8 Gb 数据,用生物信息学手段从头组装并注释了 42484 个 Unigene,根据 KEGG 数据库注释,部分 Unigene 属于花色素苷、黄酮、类黄酮、N-多糖、二萜类和萜类骨架生物合成路径,它们可能参与这些物质的生物合成。此外,对百合、蓝莓、紫背天葵、小麦等作物也开展了高通量转录组测序及基因功能的挖掘(Xu 等,2016;Nguyen 等,2017;张少平等,2018;徐熙等,2018)。

基于 Illumina HiSeq 2500 的高通量测序技术作为非模式物种功能基因

组研究的重要手段,在鉴定和挖掘调控目标性状的功能基因研究中发挥了重要作用。RNA - Seq 转录组结果对羽衣甘蓝基因资源及功能基因的研究、开发和利用至关重要,是羽衣甘蓝基础研究的重要内容。相比传统分子生物学研究方法,其进行基因功能研究的效率更高,可以更深入研究羽衣甘蓝色素生物合成的调控机理。

花青素苷是类黄酮类化合物,是构成植物花、果实、叶片及种皮等颜色的重要色素之一。花青素苷的基本结构为 3,5,7 - 三羟基 - 2 - 苯基苯并吡喃(图 3 - 1)。根据 R_1、R_2 取代基的不同,自然界中常见的花青素苷主要有 6 种:天竺葵色素、矢车菊色素、芍药色素、飞燕草素、锦葵素和矮牵牛素。花青素苷具有清除自由基、预防心血管疾病的功能,并且可以显著消除胰腺肿胀、降低尿液中的血糖浓度。自然界游离的花青素不能稳定存在,常结合一个或多个糖苷形成花青素苷。

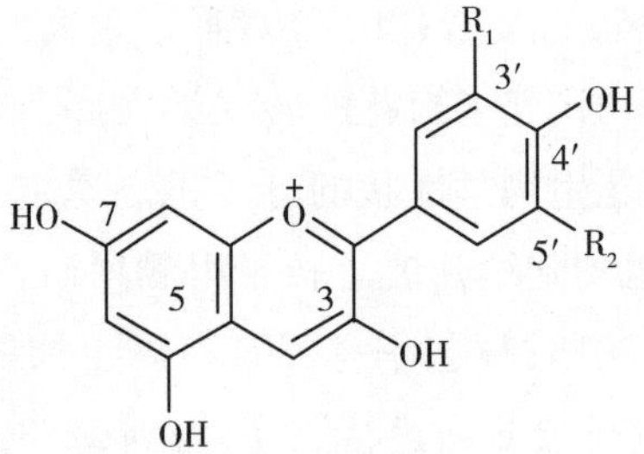

图 3 - 1　花青素苷的基本化学结构

关于花青素苷生物合成途径目前已比较清楚。花青素苷合成起源于苯丙烷途径,由一系列结构基因编码的酶催化完成。花青素苷合成途径相关的结构基因包括两类:一类是合成前期的结构基因(EBG),如查耳酮合成酶基因(CHS)、查耳酮异构酶基因(CHI)、黄烷酮 3 - 羟化酶基因($F3H$)、黄烷酮 3′ - 羟化酶基因($F3'H$);另一类是在合成途径后期的结构基因(LBG),包括二氢黄酮 - 4 - 还原酶基因(DFR)、花青素合成酶基因($ANS/LDOX$)、类黄酮苷转移酶基因($UFGT$)、甲基转移酶基因($OMTs$)和谷胱甘肽转移酶基因(GST)等,除此之外,还有一些花青素苷合成过程中的分支途径基因,如参与黄酮醇合成的酶基因(FLS)、原花青素苷合成相关的无色花青素还原酶基因

(*LAR*)以及花青素还原酶基因(*ANR*)(Winkel – Shirley,2001)。这些结构基因为不同种植物所共有的结构基因,直接编码花青素苷的生物合成,利用模式植物突变体及同源克隆策略,大多数的花青素苷合成酶类已从拟南芥、甜椒、苹果等植物中成功克隆(Hsieh 等,2009;Stommel,2009;Flachowsky 等,2012)。

　　花青素苷合成途径中除受结构基因影响外,也受转录因子调控的影响。转录因子是一个能与特异 DNA 序列结合的蛋白,可以单独或与其他蛋白形成复合体,从而对基因的表达起抑制或增强的作用。与花青素苷合成相关的转录因子包括 WD40、bHLH(basic helix – loop – helix,碱性螺旋 – 环 – 螺旋)和 MYB。研究表明,花青素苷的合成和积累受 WD40、bHLH 和 MYB 3 类转录因子的调控,它们通过形成三元复合体结合花青素苷合成酶结构基因的启动子部位,来调控结构基因的表达(Ramsay 和 Glover,2005)。MYB 家族是植物中最庞大的一类转录因子,其成员数量巨大,功能复杂,广泛参与植物的生长发育、次生代谢、抵抗逆境胁迫及植物色素合成等各种过程(勒进朴等,2015)。根据 MYB 结构域的不同,MYB 转录因子分为 4 个亚家族,包括 1R – MYB、R2R3 – MYB、3R – MYB 和 4R MYB(Dubosd 等,2010)。其中 R2R3 – MYB 转录因子最重要的功能之一就是调控花青素的合成(孙彬妹,2016)。目前,许多植物中与花青素苷生物合成相关的 R2R3 – MYB 转录因子已被分离鉴定出,其主要功能就是调控结构基因的表达量进而影响花青素苷的合成(Xie 等,2016;Deluc 等,2016)。当植物特定组织发育到特定时期或者在外界条件(光、干旱,低温)诱导下,花青素苷合成激活因子 MYB 表达水平便会升高,与持续性表达的 bHLH 和 WD40 形成 MBW 转录复合体并结合到花青素苷合成下游结构基因的上游顺式元件上,激活结构基因的表达(Tanaka 和 Ohmiya,2008;Albert 等,2011)。目前,对花色、果色和叶色等的花青素苷合成调控研究主要集中于 *MYB* 基因的克隆以及其对结构基因的调控模式(洪艳,2016)。迄今为止,已经在拟南芥、番茄、苹果、葡萄等植物中发现了大量的 *MYB* 基因(Espley 等,2007;Dubos 等,2010;Feller 等,2011;Kobayashi 等,2012)。bHLH 转录因子是植物中仅次于 MYB 类转录因子的第二大转录因子超家族,也参与调控花青素苷的合成。在拟南芥中发现 bHLH 第三亚家族的 TT2、TT8 和 TTG1 参与调控花青素苷合成,主要与

MYB 蛋白以及 WD40 蛋白形成调控复合物来调控花青素苷结构基因的表达（Heim 等,2003;Baudry 等,2004）。矮牵牛中的 *bHLH* 基因 *AN*1 和 *JAF*13、葡萄中的 bHLH 蛋白 VvMYC1,它们均能与 R2R3 - MYB 蛋白相互作用,从而激活花青素苷合成过程中结构基因的表达（Hichri 等,2010）。

植物器官的呈色在很大程度上受花青素苷运输和积累的影响。但至今,对花青素苷从细胞质合成到液泡的转运过程尚不明确。目前,比较认可的转运机制包括通过谷胱甘肽转移酶（glutathione S - transferase,GST）和多药耐药蛋白（multidrug resistance - associated protein,MRP,属于转运体）的转运,囊泡介导的转运及多药和有毒化合物排出蛋白（multidrug and toxic compound extrusion,MATE）介导的转运（金雪花,2013）。已在多个物种中分离并鉴定了不同类型的转运体,如玉米的 ZmMrp3、ZmMrp4 属于 MRP 型 ABC 转运蛋白（Goodman 等,2004）;拟南芥的 TT12、番茄的 MTP77 及葡萄的 anthoMATE1 和 anthoMATE3 属于多药和有毒化合物排出转运蛋白（Zhao 等,2011）。GST 转运蛋白也已从许多种植物中获得,已经证明拟南芥的 TT19、葡萄的 VvGST4、仙客来的 CkmGST3 以及香石竹的 DcGSTF 都与花青素苷转运有关（Baudry 等,2004;Conn 等,2008;Kitamura 等,2012;Sasaki 等,2012）。综上所述,花青素苷合成途径是多基因共同作用的结果。

类胡萝卜素是在自然界植物、细菌和真菌中广泛存在的一类色素类物质,同时在植物光合作用中起重要作用（Frank 和 Cogdell,1996;吴疆,2015）。它是指 C_{40} 类萜化合物及其衍生物的总称,通常由 8 个类异戊二烯单位组成,呈黄色、橙红色或红色（Johnsona 和 Schroedera,1995）。在植物质体中由磷酸甘油醛与丙酮酸经 1 - 脱氧木酮糖 - 5 - 磷酸途径合成,形成的异戊烯基焦磷酸经多次缩合生成第一个类胡萝卜素八氢番茄红素,再经脱氢、环化、羟基化、环氧化等转变为其他类胡萝卜素（图 3 - 2）。类胡萝卜素生物合成中涉及的酶都是膜结合的或整合入膜中的,类胡萝卜素合成是通过底物可利用性与环化分支方式进行控制的（赵文恩等,2004）（图 3 - 2）。

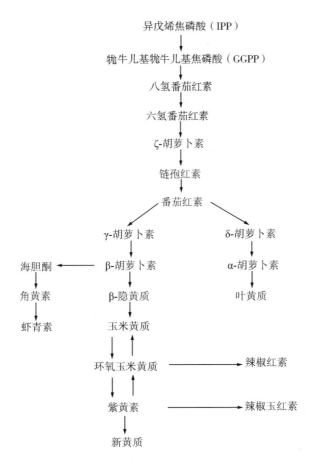

图3-2　类胡萝卜素合成途径

β-胡萝卜素羟化酶在植物类胡萝卜素生物合成、代谢途径中具有非常重要的作用,它可以催化β-胡萝卜素通过中间代谢物β-隐黄质生成玉米黄质,因其增加了植物细胞中玉米黄质的含量,所以该反应在植物叶黄素循环中有非常重要的意义(Kato 等,2004)。研究表明,β-胡萝卜素羟化酶基因的过量表达有助于细胞中玉米黄质的过量积累,进而提高细胞中类胡萝卜素含量(Peguero-Pina 等,2013);而利用反义抑制和 T-DNA 突变获得抑制β-胡萝卜素羟化酶基因表达的拟南芥植株,由于β-胡萝卜素羟化酶基因的缺陷,它们合成隐黄质等类胡萝卜素的能力减弱,抗逆性随之大幅下降

（Pogson 和 Rissle，2000；Tian 等，2003）。目前已从辣椒、拟南芥、柑橘、烟草等植物中分离鉴定了许多 β - 胡萝卜素羟化酶基因。通过生物信息学比对分析发现，这些基因均具有非常保守的同源序列（Tian 和 Dellapenna，2001；焦芳婵等，2015；冯唐锴等，2007；Bouvierdeng，1998）。

伴随着测序技术的快速发展，越来越多的芸薹属植物利用转录组测序技术开展对基因功能的研究。Xie 等（2016）对白菜 F_2 代中的紫色单株和绿色单株进行转录组测序，将未能比对到参考基因组的读序从头拼接，获得外源基因组的差异表达基因，并通过保守结构域和代谢通路注释，鉴定出一个 R2R3 - MYB 转录因子候选基因 $c3563g1i2$，该基因可以编码 R2R3 - MYB 参与三元转录激活复合物导致紫色白菜花青素苷过度积累。姜鑫（2019）对大白菜黄化突变体及野生型叶片转录组深度测序，检测到卟啉、叶绿素代谢、苯丙烷类生物合成等与叶色相关的通路，研究结果对于进一步研究大白菜黄化叶机制奠定了基础。Liu 等（2020）对三色羽衣甘蓝绿叶、白叶、紫叶进行转录组测序，发现所有与叶绿素代谢有关的下调 DEGs 仅在绿叶与白叶的比较中检测到，表明叶绿素含量的降低主要是由于叶色由绿变白过程中叶绿素生物合成的抑制所致，参与花青素苷生物合成途径的 19 个 DEGs 的表达均上调，试验结果对羽衣甘蓝三色形成的机制提供了新的见解。

羽衣甘蓝（*Brassica oleracea* L. var. *acephala*，染色体数 $2n = 2x = 18$）是十字花科芸薹属甘蓝种的一个变种，二年生草本植物，原产于地中海至小亚细亚一带，是一种最接近甘蓝野生种的蔬菜或观叶植物，由于其叶形多样，心叶颜色绚丽，整个植株形如牡丹，又被称为"叶牡丹"（Wang 等，2011）。叶色为羽衣甘蓝最重要的观赏性状之一，颜色性状形成机制是育种工作者的研究目标之一。叶片中色素的种类及含量的时空组合是决定叶色的主要原因。研究表明，在羽衣甘蓝生长过程中呈现出的绿色、紫色、黄色、粉色与叶绿素、类胡萝卜素及花青素苷的含量密切相关。通过对其合成途径的遗传调控来控制花青素苷的种类和含量，进而对叶色进行改良是目前育种的主要途径之一。前人对羽衣甘蓝的研究主要集中于遗传育种等方面，关于羽衣甘蓝中花青素苷及类胡萝卜素生物合成途径的相关基因研究及转基因功能验证工作鲜有报道（祝朋芳等，2012；郭宁等，2017）。到目前为止，仅报道过花青素苷合成相关的几个基因（Zhang 等，2012；张彬等，2014）。因此，对羽衣甘蓝叶色呈现相关的功能基因进行挖掘及后续验证具有一定的意义。

　　本研究拟以白色、紫色羽衣甘蓝的 2 个 DH 纯系为研究材料,利用高通量转录组测序技术获得紫叶和白叶两种基因型羽衣甘蓝个体的转录组并进行比较,通过生物信息学手段筛选表达差异基因,对其进行功能注释、分类以及代谢通路分析等,为进一步挖掘与羽衣甘蓝叶色相关的功能基因、代谢途径及关键基因,探明羽衣甘蓝叶色形成的分子机理,为羽衣甘蓝的叶色改良研究奠定一定基础。同时采用同源克隆的方法,克隆羽衣甘蓝花青素苷合成途径中的调控基因 *BoMYB114* 和 β - 胡萝卜素羟化酶基因 *BoBCH*,对其核酸和蛋白质序列进行生物信息学分析,分析 2 种基因在不同器官中的表达特性,并将 *MYB114* 基因利用农杆菌介导转化至拟南芥中,探究 *BoMYB114* 的异源表达对转基因拟南芥的表型变化的影响,进一步验证并探讨该基因功能及其与花青素苷的关系。研究结果不仅可以加深人们对羽衣甘蓝叶色形成机制的认识,还可以为羽衣甘蓝叶色的人工调控与分子改良提供理论依据。

3.2　材料与方法

3.2.1　材料

　　试验所用羽衣甘蓝 DH 系"D07"和"D06"(图 3 - 3)为齐齐哈尔大学园艺遗传育种实验室保存,种子点播于穴盘内,待植株长至四叶一心时移至花盆,经过冬季低温显色,于观赏期分别取心部叶片,经液氮冷冻后置于 - 80 ℃的环境中永久保存。

（a）

（b）

图 3 – 3　紫叶和白叶羽衣甘蓝 DH 系

（a）D07；（b）D06

3.2.2　方法

3.2.2.1　基于转录组测序的羽衣甘蓝叶色相关基因分析

1. 总 RNA 提取、文库构建与转录组测序

羽衣甘蓝叶片总 RNA 采用 Trizol 试剂盒（Invitrogen，美国），利用带有 Oligo（dT）的磁珠富集 mRNA 后将其打断成短片段，以打断后的 mRNA 为模板合成 cDNA 第一链，再以第一链为模板合成 cDNA 第二链；双链 cDNA 纯化后进行末端修复、加 poly（A）尾并连接测序接头，构建 cDNA 文库。利用 Illumina HiSeq 2500 平台对羽衣甘蓝转录组文库进行双末端测序，获得相关数据。

2. 测序数据处理

使用 NGS QC Toolkit 软件对高通量转录组测序产生的原始数据（raw reads）进行质控并去除接头，然后过滤掉低质量碱基和 N 碱基，得到高质量的过滤后数据用于后续分析。利用 Hisat 2 将过滤后数据比对到羽衣甘蓝的参考基因组（gene ID：106292196），并进行转录注释及表达量的计算。

3. 差异表达基因筛选

使用 cufflinks 软件定量基因 *FPKM* 表达量值。通过 Htseq – count 软件获得落到各个样本中基因的读序数目，用基于负二项分布的 DESeq 软件对数据进行统计分析，并计算基因的表达量差异，默认 $P < 0.005$ 且差异倍数（fold change）小于 2 为差异表达基因。

4. 差异表达基因的功能注释和富集分析

在 GO 数据库和 KEGG 数据库中比对筛选获得的差异表达基因，通过数据库中注释结果进一步分析基因产物的功能和在细胞中的代谢途径。

3.2.2.2 花青素苷相关 *MYB* 基因克隆及在拟南芥中转化

1. 花青素苷含量测定、总 RNA 的提取与 cDNA 合成

对羽衣甘蓝根、茎、内叶、外叶中的花青素苷含量分别进行测定，花青素苷提取方法参照牛姗姗(2011)的方法，拟南芥植株花青素苷提取也按照上述方法进行。利用 Trizol 试剂盒(Invitrogen，美国)提取羽衣甘蓝总 RNA，利用 NanoDrop 2000 分光光度计(Thermo Scientific，美国)测定浓度及 OD_{260}/OD_{280}，利用琼脂糖凝胶电泳检测 RNA 完整性。cDNA 第一链合成参照 AMV 反转录试剂盒[生工生物工程(上海)有限公司]说明书完成。

2. *BoMYB* 基因的克隆及序列分析

利用 GenBank 中已知拟南芥 *MYB* 基因(NP_176813.1)的保守序列进行分析，并以此为探针在芸薹属基因组数据库(http://brassicadb.org/brad/)中找到同源基因，根据 BLAST 比对结果，运用 Primer 5.0 软件设计目的基因特异引物 F (5′- ATGGAGGATTCGTCCAAAGGGTTGAC - 3′) 和 R (5′- ATCAAGTTCTACAGTCTCTCCATCCAAC - 3′)，对 cDNA 进行扩增。采用 25 μL的扩增反应体系，每个反应包括 9.5 μL H_2O，12.5 μL PCR SuperMix，上、下游引物 (10 μmol/L) 各 1 μL，1 μL 模板。扩增程序如下：98 ℃ 10 s，63 ℃ 30 s，72 ℃ 60 s，30 个循环；72 ℃ 10 min。PCR 产物在 1% 的琼脂糖凝胶电泳，回收特异产物，并连接到 pGWC - T 载体上，转化大肠杆菌 DH5α 感受态，对阳性克隆测序。

利用 ProtParam 在线程序分析编码蛋白的理化性质(氨基酸组成、相对分子质量、等电点等)；利用 Wolf - Psort(http://www.genscript.com/wolf - psort.html)进行亚细胞定位预测；利用 IntelPro(http://www.ebi.ac.uk/inter - pro/)分析蛋白保守结构域；利用 DNA - MAN 进行氨基酸序列比对，采用邻接法(neighbor - joining，NJ)生成 *MYB* 基因的系统进化树，校验参数 Boot - strap 重复 1000 次(分支长度与系统发育距离呈正比)。

3. 表达分析

运用荧光定量 PCR 检测 *BoMYB* 基因在羽衣甘蓝根、茎、心叶及外叶的表达情况,以 18S rRNA 作为内参,设计特异引物 BoMYB – RT – F(5′ – AGGTGTAGGAAGAGTTGTAGAC – 3′)/ BoMYB – RT – R(5′ – AGAAGAT-CAACTTCATCAGAGC – 3′)、18S – RT – F(5′ – CCAGGTCCAGACATAGTAAG – 3′)/18S – RT – R(5′ – GTACAAAGGGCAGGGACGTA – 3′)。采用 10 μL PCR 反应体系:含 1 μL 反转录 cDNA,5 μL 2 × QuantiFast$^®$ SYBR$^®$ Green PCR Master Mix(绿色 PCR 主混液)(Qiagen,德国),10 μmol/L 的上、下游引物各 0.2 μL 及 3.6μL H$_2$O。扩增条件为 95 ℃预变性 5 min,95 ℃变性 10 s,40 个循环后 60 ℃退火 30 s,试验重复进行 3 次,取平均值。使用 $2^{-ΔΔC_T}$方法进行相对表达量分析。转基因拟南芥植株叶片中 *BoMYB* 基因的表达水平也应用上述相同的方法检测。以拟南芥的 *actin* – 12 基因作为参考基因,引物分别为 actin – RT – F (5′ – ACACTTTCTACAATGAGCTGC – 3′)和 actin – RT – R (5′ – TCTGTGTCATCTTCTCACGG – 3′)。

4. 植物转化载体构建及拟南芥转化

使用 Gateway$^®$ LR – clonase$^®$ Ⅱ酶混合试剂盒(Invitrogen)提取并重组入门载体(pEarleyGate BoMYB)的质粒。在离心管中加入以下反应体系:重组质粒 pEarleyGate – BoMYB(50 ~ 100 ng/μL)1 μL,pEarleyGate 103(50 ~ 100 ng/μL)1 μL,LR – 克隆酶混合物Ⅱ 1 μL,ddH$_2$O 2μL,在 25 ℃下反应过夜,将 2.5 μL 反应液转化为大肠杆菌 DH5α(北京天根生物科技)。在含有 50 μg/mL 卡那霉素和 50 μg/mL 潮霉素 B 的 Luria – Bertani 固体培养基上选择阳性克隆,以确认产生了正确的载体(图 3 – 4)。构建的表达载体 pEar-leyGate – BoMYB 经冻融法转化为农杆菌,接下来用沾花法(Dipping)转化到拟南芥野生型 *Col – 0*。将野生型和转基因拟南芥接种到 MS 培养基上,置于 22 ℃、相对湿度 70% 和 16 h 光周期[120 ~ 150 μmol/(m^2·s)]的培养箱中生长。对转基因拟南芥中 *BoMYB* 的花青素苷含量和表达水平进行了分析,参考上文中提到的方法。

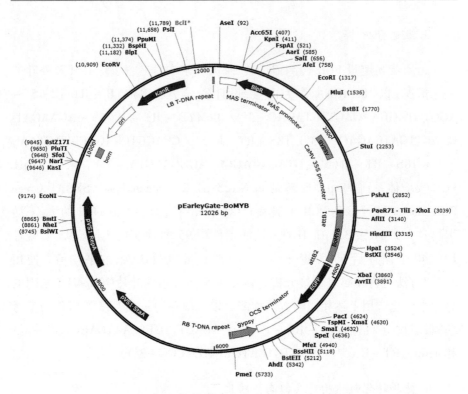

图 3 - 4　植物转基因载体 pEarleyGate - BoMYB 结构

3.2.2.3　β - 胡萝卜素羟化酶基因的克隆及表达分析

1. 总 RNA 的提取及 cDNA 的合成

利用 Trizol 试剂盒(Invitrogen,美国)提取羽衣甘蓝总 RNA,之后经 Nano-Drop 2000 分光光度计(Thermo Scientific,美国)测定浓度及 OD_{260}/OD_{280},利用琼脂糖凝胶电泳检测 RNA 完整性。检测合格后,取经 DNase 处理后的 RNA 作为模板,使用反转录试剂盒将 2 μg 植物总 RNA 反转录为cDNA,检测待用。

2. 引物设计与基因克隆

基于作者前期全基因组测序筛选得到的 *BoBCH* 基因序列,设计克隆引物 F(5′ – ATGGCGGCAGCACTCTCATCAATCTC – 3′)和 R(5′ – AGAGGTG-GAAACCTTGTTGTATAATTTGTAA – 3′)。cDNA 扩增使用 ABI Veriti PCR 扩增仪进行。PCR 采用 25 μL 体系:12.5 μL PCR SuperMix、1 μL 模板、正反引物各 1 μL 和 9.5 μL ddH$_2$O。PCR 反应条件为:98 ℃ 10 s,63 ℃ 30 s,72 ℃ 60 s, 30 个循环;72 ℃ 10 min。PCR 产物经电泳分析后,依次回收、连接、转化及测序,得到 *BoBCH* 的 cDNA 序列信息。

3. 生物信息学分析

利用 NCBI 网站对 *BoBCH* 的 cDNA 序列在线查找开放阅读框(ORF);利用 ProtParam(http://web. expasy. org/protparam/)在线程序分析编码蛋白的理化性质(氨基酸组成、相对分子质量、等电点等);利用 ExPasy – ProtScale 预测氨基酸的亲/疏水性;利用 NCBI 网站在线工具 CDD(http://www. ncbi. nlm. nih. gov/Structure/cdd/wrpsb. cgi)分析氨基酸序列的保守结构域;利用 SignalP 4.1 和 Wolf – Psort 进行信号肽和蛋白亚细胞定位预测;利用 TMHMM 2.0 对蛋白进行跨膜区分析;利用 MEGA 6.0 软件采用邻接法进行氨基酸序列比对以及构建系统发育树。

4. 基因表达分析

根据测序结果,设计荧光定量引物分别为 BoBCH – F 和 BoBCH – R,以 18S rRNA 作为内参基因,引物为 18S rRNA – F 和 18S rRNA – R(表 3 – 1)。引物采用 Roche LCPDS 2 软件设计并由北京擎科新业生物技术有限公司合成。qRT – PCR 反应参照 QuantiFast$^©$ SYBR$^©$ Green PCR Kit 试剂盒(Qiagen, 德国)说明书,在 Light Cycler$^©$ 480 Ⅱ 型荧光定量 PCR 仪(Roche,瑞士)上进行反应。每个反应采用 3 个生物学重复和 3 个技术重复。反应结束后,应用 $2^{-\Delta\Delta C_T}$ 算法进行相对定量计算(Livak 和 Schmittgen,2001)。

表 3 – 1 PCR 引物

引物名称	引物序列（5'→3'）
18sRNA – F	TCGCCGTAACACTCAAACCA
18sRNA – R	TGACTGAGGCGAGAGTTAGA
BoBCH – F	CCAGGTCCAGACATAGTAAG
BoBCH – R	GTACAAAGGGCAGGGACGTA

3.2.2.4 *DFR* 基因的克隆及表达分析

1. 羽衣甘蓝心叶花青素苷含量测定

花青素苷提取方法参考李果等的方法。取 0.3 g 样品用 1% 盐酸甲醇在 4 ℃下萃取 24 h,在 12000 r/min 转速下离心 15 min,取上层清液定容至 10 mL。将样品分别用 25 mmol/L 氯化钾溶液(pH = 1.0)和 400 mmol/L 醋酸钠溶液(pH = 4.5)按一定的稀释倍数稀释后,利用紫外分光光度计测定 520 nm 和 700 nm 波长处的吸光度值,每组重复 3 次。然后按照以下公式计算花青素苷含量(总花青素苷质量分数以矢车菊素 – 3 – 葡糖苷的质量分数计算)。

$$A = (A_{520} - A_{700})\,\mathrm{pH}_{1.0} - (A_{520} - A_{700})\,\mathrm{pH}_{4.5}$$

$$花青素苷含量\ C(\mathrm{mg/g}) = \frac{AVnM}{\varepsilon m}$$

式中　A——样品提取液在 pH = 1.0 和 pH = 4.5 处吸光度的差值;
　　　　V——提取液总体积,mL;

n——稀释倍数；

M——矢车菊素 – 3 – 葡糖苷的相对分子质量（449.2）；

ε——矢车菊素 – 3 – 葡糖苷的消光系数（26900）；

m——样品质量，g。

2. 总 RNA 提取及 cDNA 合成

采用天根公司植物总 RNA 提取试剂盒提取叶片总 RNA，cDNA 第一链的合成试剂盒购自日本东洋纺公司，参照说明书步骤进行操作。

3. BoDFR 基因克隆

根据已公布的结球甘蓝的 DFR 基因序列设计特异性引物（表 3 – 2），以反转录合成的 cDNA 为模板，扩增羽衣甘蓝 DFR 基因 cDNA 序列。PCR 反应在 ABI Veriti 梯度 PCR 仪上进行，每 25 μL 反应体系中分别加入 cDNA 模板 1.0 μL，正反引物（10 μmol/L）各 1 μL，2 × Es Taq Master Mix 12.5 μL 和 ddH₂O 9.5 μL。PCR 反应条件为：94 ℃ 2 min；94 ℃ 30 s，64 ℃ 30 s，72 ℃ 30 s，30 个循环；72 ℃ 2 min。PCR 产物经 1% 琼脂糖凝胶电泳检测后，纯化、回收目的基因，与载体连接、转化并测序。

4. 生物信息学分析

用 ORF Finder 在线查找基因开放阅读框（ORF）并推导其氨基酸序列；利用 Blast 对克隆基因编码蛋白质序列进行同源分析；利用 MEGA 5 软件进行氨基酸的多序列比对并构建系统发育树；利用 ExPasy – ProtScale 预测蛋白质的理化性质；利用 NCBI 在线工具 CDD（http://www. ncbi. nlm. nih. gov/ Structure/cdd/wrpsb. cgi）分析氨基酸序列的保守结构域；利用 SOPMA 软件预测蛋白质二级结构，利用 Cell – PLoc 2.0 package（http://www. csbio. sjtu. edu. cn/bioinf/ Cell – PLoc – 2/）进行蛋白亚细胞定位预测。

5. 实时荧光定量 PCR 分析

根据 BoDFR 基因序列设计实时荧光定量 PCR 引物 qRT – BoDFR – F 和 qRT – BoDFR – R，18S rRNA 作为内参基因，引物为 qRT – 18S rRNA – F 和

qRT – 18S rRNA – R(表 3 – 2),全部引物采用 Roche LCPDS 2 软件设计并由生工生物工程(上海)股份有限公司合成。以观赏期的不同叶色羽衣甘蓝叶片 cDNA 为模板。实时荧光定量 PCR 采用康为世纪公司 SuperStar Probe OneStep RT – qPCR 试剂盒进行,方法、步骤参考说明书。每个样品重复 3 次,采用 $2^{-\Delta\Delta C_T}$ 法计算基因的相对表达量。

表 3 – 2　实时荧光定量 PCR 引物

引物名称	引物序列(5′→3′)
BoDFR – F(RT – PCR)	ATCGTCGACATGGTAGCTCACAAAGAGACCGTGTG
BoDFR – R(RT – PCR)	CGGAATTCCTAAGCACAGATCTGCTGTGCCGACA
qRT – BoDFR – F(qRT – PCR)	TTGTCCGTGCCACTGTTCGC
qRT – BoDFR – R(qRT – PCR)	CGTCATCGTAGCTTCCTTCGTCAG
qRT – 18S rRNA – F(qRT – PCR)	CCAGGTCCAGACATAGTAAG
qRT – 18S rRNA – R(qRT – PCR)	GTACAAAGGGCAGGGACGTA

3.3　结果与分析

3.3.1　基于转录组测序的羽衣甘蓝叶色相关基因分析

3.3.1.1　测序数据组装及统计

对测序原始数据进行预处理,去除接头序列以及低质量序列,总共获得107638696107 条原始读序,经过滤后得到 104608770 条过滤读序(表 3 - 3)。紫叶与白叶的碱基数据总数分别为 52683256 和 51925514。各样品 Q30 碱基百分比均在 95.37% 以上,表明此测序数据可靠性高,可以进行后续分析。比对至参考基因组上的数据平均值为这些高质量数据的 90.31%,其中比对至参考基因组唯一位置的数据平均为 87.47%(表 3 - 3)。

表 3 - 3　转录组数据组装及比对情况

样品名称	总读序数目	过滤读序数据数目	过滤百分比/%	总比对率/%	唯一比对率/%	GC含量/%	Q30 值/%
A	54220650	52683256	93.13	90.09	87.21	47.44	95.37
B	53418046	51925514	92.97	90.52	87.73	47.60	95.54

3.3.1.2 两种基因型个体间差异表达基因的鉴定

紫叶相对白叶的差异表达基因通过筛选共鉴定出 1983 个,其中包括表达量上调的 1094 个基因,占差异基因数量的 55.17%;下调的 889 个基因,占差异基因数量的 44.83% (图 3-5)。其中不乏一些与植物色素生物合成相关的基因,如类胡萝卜素 9,10-双加氧裂解酶家族基因[carotenoid 9,10 (9′,10′)-cleavage dioxygenase 1-like,CCD]、类黄酮 3-单加氧酶基因 (flavonoid 3′-monooxygenase)等。

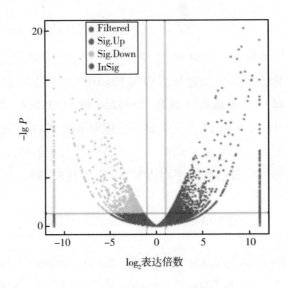

图 3-5 差异表达基因火山图

3.3.1.3 差异表达基因的 GO 注释

与 GO 数据库进行比对分析,共 1752 条差异表达基因在 GO 数据库得到注释。按照基因参与的生物过程(biological process)、细胞组分(cellular component)及分子功能(molecular function)的功能小类进行分类注释,结果显示共分为 64 个功能组(图 3 - 6)。其中,生物过程有 23 组功能小类,注释为细胞过程(cellular process)和新陈代谢过程(metabolic process)的最多;细胞组分分类中共 20 组功能小类,注释为细胞 (cell)和细胞成分(cell part)的最多;分子功能的差异表达基因共 21 组功能小类,最多的注释为整合 (binding)和催化活性(catalytic activity)。

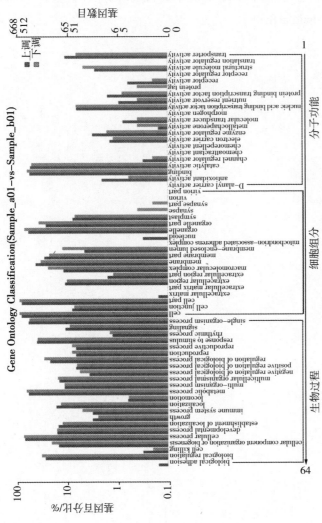

图 3-6　差异表达基因 GO 功能分类

注：1—生物附着；2—生物调节；3—细胞杀伤；4—细胞成分组织或生物发生；5—生物过程；6—发育过程；7—定位过程；8—定位；9—免疫系统过程；10—定位；11—运动；12—代谢过程；13—多机体过程；14—多细胞有机体过程；15—生物过程负调控；16—生物过程正调控；17—生物过程调控；18—繁殖；19—繁殖过程；20—调节反应；21—节律过程；22—信号；23—单细胞；24—细胞部分；25—细胞连接；26—细胞外部分；27—细胞外黏附；28—细胞外基质部分；29—细胞外区域；30—细胞外区域部分；31—高分子配合物；32—膜；33—膜部分；34—膜封闭腔；35—线粒子部分；44—D－丙氨酰载体活性；36—类核体；37—细胞器；38—细胞器部分；39—突触；40—突触部分；41—病毒粒子；42—病毒粒子活性；43—病毒粒子活性；51—电子载体活性；53—蛋白复合物；45—抗氧化活性；46—结合；47—催化活性；48—趋化性；49—趋化因子活性；50—氯化活性；51—氯存活性；57—养分储存活性；59—蛋白质金属黄酮类活性；54—分子传感器调节活性；55—形态活性；56—核糖体结合转录因子活性；58—蛋白质结合转录因子活性；标签；60—接收活性；61—受体调节活性；62—结构分子活性；63—翻译调节活性；64—转运活性。

3.3.1.4 差异基因 KEGG 分析

将差异表达基因与 KEGG 数据库比对,有 434 条基因得到注释,富集到 171 条代谢通路。在 171 条代谢通路中,有 2 条代谢通路可能与羽衣甘蓝叶色形成相关,分别是类黄酮生物合成途径(carotenoid biosynthesis)和类胡萝卜素生物合成途径(flovonoid biosynthesis)(表 3 - 4)。在类黄酮生物合成途径中,黄酮醇合成酶基因(FLS)表达量上调,使得高良姜素、山柰酚、槲皮素及杨梅素合成量增多;二氢黄酮醇 4 - 还原酶基因(DFR)表达量上调使得白天竺葵糖苷元、无色花青素白飞燕草苷配基含量增高,最终可能使得细胞内的天竺葵素、矢车菊素和飞燕草素含量增多;同时二氢黄酮醇 4 - 还原酶基因(DFR)上调,也使细胞内叶黄素含量增加。类胡萝卜素合成途径中类胡萝卜素 β - 环化酶基因表达量上调,使 β - 隐黄质含量升高,β - 胡萝卜素经 β - 隐黄质最终使玉米黄质含量增加;另外,β - 环化酶基因表达量的上调使得 α - 胡萝卜素形成的玉米次黄质的含量增加。

表 3 - 4 叶色相关代谢途径的差异表达基因信息

酶	基因名称	基因表达	代谢途径
1. 14. 11. 23	黄酮醇合成酶基因(FLS)	上调	类黄酮生物合成
1. 14. 13. 11	反式肉桂酸 - 4 - 单氧酶基因	上调	类黄酮生物合成
1. 1. 1. 219; 1. 1. 1. 234	二氢黄酮醇 4 - 还原酶 基因(DFR)	上调	类黄酮生物合成
1. 14. 13. 21	类黄酮 - 3′ - 单加氧酶基因(C3′H)	下调	类黄酮生物合成
1. 14. 13. 36	香豆酰莽草酸 - 3′ - 单加氧酶基因	下调	类黄酮生物合成
LUT5	类胡萝卜素 β - 环化酶基因	上调	类胡萝卜素生物合成

续表

酶	基因名称	基因表达	代谢途径
1.13.11.51	9－顺式环氧类胡萝卜素双加氧酶 基因（*NCED*）	下调	类胡萝卜素生物合成
1.14.13.93	脱落酸 8′－羟化酶基因	下调	类胡萝卜素生物合成
3.2.1.175	β－D－吡喃葡萄糖基脱落酸 β－葡糖苷酶基因（*BG1*）	下调	类胡萝卜素生物合成

3.3.2 羽衣甘蓝花青素苷相关 *MYB* 基因克隆及在拟南芥中转化

3.3.2.1 *BoMYB* 基因 cDNA 克隆及生物信息学分析

以紫叶羽衣甘蓝"D07"心叶总 RNA 反转录获得 cDNA 为模板,扩增得到大约750 bp 的目的基因片段(图3－7)。测序结果显示目的基因 cDNA 的序列如图3－7所示,基因长 753 bp,命名为 *BoMYB*。利用 Expasy 软件对 *BoMYB*基因编码的氨基酸序列进行理化性质分析,结果表明 BoMYB 分子量为 28.5 kD,等电点(PI)为 9.08,蛋白质分子式为 $C_{1255}H_{1996}N_{360}O_{368}S_{15}$,理论半衰期为 30 h,不稳定指数是 39.56,脂肪系数为 75.64,为稳定蛋白。编码一个含 250 个氨基酸的蛋白,与其他植物的 MYB 序列比对分析,构建系统发育树(图3－8),BoMYB 氨基酸序列与甘蓝型油菜的 MYB 蛋白聚成一类,在进化上亲缘关系最近;与野生甘蓝、萝卜、拟南芥和亚麻芥的 *MYB* 基因的亲缘关系较近;与烟草和棉花的 *MYB* 基因的亲缘关系最远。

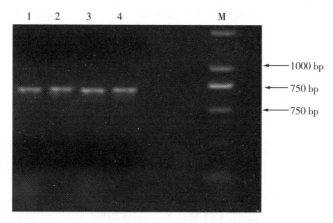

图 3 - 7　羽衣甘蓝 *BoMYB114* 基因 RT - PCR 扩增

注:M:D2000 marker;1~4:RT - PCR 扩增产物。

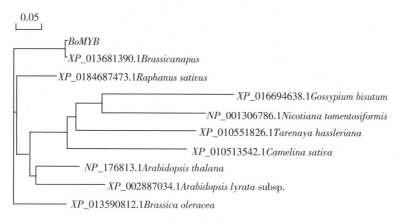

图 3 - 8　同源 MYB 氨基酸序列系统发育树

注:XP_013590812. 1:甘蓝 MYB 蛋白;XP_0184687473. 1:萝卜 MYB 蛋白;NP_
176813. 1:拟南芥 MYB 蛋白;XP_002887034. 1:琴叶拟南芥;XP_013681390. 1:甘蓝型油
菜 MYB 蛋白;XP_016694638. 1:棉花 MYB 蛋白;NP_001306786. 1:烟草 MYB 蛋白;XP_
010551826. 1:醉蝶花 MYB 蛋白;XP_010513542. 1:亚麻芥 MYB 蛋白。

InterPro 数据库鉴定结果显示,BoMYB 具有两个典型的 MYB - DNA 结
合结构域,为典型的 R2R3 - MYB 转录因子基因,在氨基酸序列的第 13、33、
53、85、104 位的色氨酸(W)为保守氨基酸(图 3 - 9)。SOPMA 在线预测 Bo-

MYB 蛋白的二级结构,结果如图 3 - 10 所示。BoMYB 含有 35.2% 的 α - 螺旋、40.4% 的无规则卷曲、12.4% 的 β - 转角和 12.0% 的延伸链。亚细胞定位研究表明,BoMYB 蛋白定位于细胞核。综上所述,*BoMYB* 基因符合 MYB 类转录因子的特征,属于 MYB 家族基因成员。

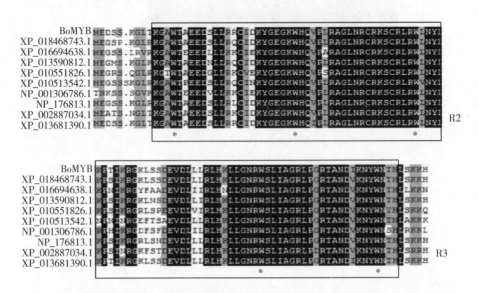

图 3 - 9　BoMYB 与其他植物 MYB 蛋白 R2、R3 结构域的同源性比较

注:XP_013590812.1:甘蓝 MYB 蛋白;XP_018468743.1:萝卜 MYB 蛋白;NP_176813.1:拟南芥 MYB 蛋白;XP_002887034.1:琴叶拟南芥;XP_013681390.1:甘蓝型油菜 MYB 蛋白;XP_016694638.1:棉花 MYB 蛋白;NP_001306786.1:烟草 MYB 蛋白;XP_010551826.1:醉蝶花 MYB 蛋白;XP_010513542.1:亚麻芥 MYB 蛋白。

方框内部分为 R2、R3 结构域; ∗:R2、R3 结构域中保守的第 13、33、53、85、104 位氨基酸。

图 3 - 10　BoMYB114 蛋白的二级结构

3.3.2.2　羽衣甘蓝花青素苷含量测定及 *BoMYB* 基因的表达分析

　　田间观察发现,紫叶羽衣甘蓝的茎表皮呈紫色,新叶呈粉紫色,叶片逐渐长大后呈绿色,叶脉呈紫色,根部呈乳白色[图 3 – 11(a)]。

　　对各组织花青素苷含量进行测定,结果如图 3 – 11(b)所示(茎表皮花青素苷含量最高,心叶显著高于外叶,根花青素苷含量极低)。为了了解 *BoMYB* 在羽衣甘蓝不同器官组织中的表达情况,采用荧光定量 PCR 进行基因表达分析,结果表明:*BoMYB* 在紫叶羽衣甘蓝的根、茎表皮、心叶、外叶中都有表达,但表达水平具有组织特异性[图 3 – 11(c)]。该基因在紫色茎表皮中表达量最高,在心叶和老叶中表达量较高,在根中微量表达。由此可以推断,羽衣甘蓝花青素苷的生物合成可能与 *BoMYB* 基因的高表达有关,*BoMYB* 可能参与羽衣甘蓝花青素苷水平的调控。

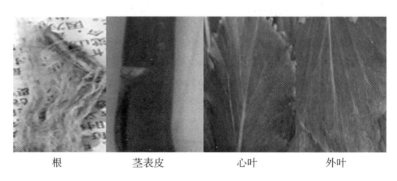

　　　　根　　　　　茎表皮　　　　　心叶　　　　　外叶

(a)

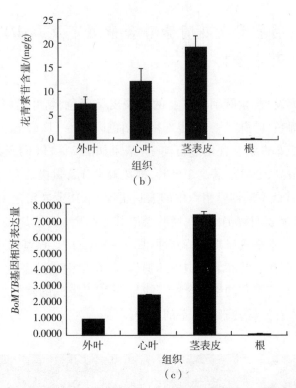

图3-11　羽衣甘蓝不同组织的外观颜色、花青素苷含量和 *BoMYB* 基因相对表达量

（a）外观颜色；（b）花青素苷含量；（c）*BoMYB* 基因相对表达量

3.3.2.3　pEalyget – BoMYB 载体在拟南芥中的遗传转化与检测

通过农杆菌介导的沾花法将 pEalyget – BoMYB 载体转化到拟南芥中，经过培养得到的 T1 种子经过 50 mg/L 的卡那霉素培养基筛选后移栽至温室生长，自交得到 T2，再经自交和筛选后得到纯系用于后续试验。

将野生型 *Col – 0* 和转 *BoMYB* 基因的拟南芥播于 MS 培养基上，置于 22 ℃、70% 相对湿度、120 ~ 150 μmol/（m² · s）和 16 h 光照的植物生长箱中生长。提取 8 个生长转基因拟南芥幼苗叶片总 RNA，利用荧光定量 PCR 检测 *BoMYB* 基因在不同转基因株系中的相对表达量，结果如图 3 – 12 所示。

在 8 个株系中均有 *BoMYB* 基因表达,基因相对表达量从高到低排序依次为:cn7 > cn3 > cn5 > cn6 > cn1 > cn8 > cn2 > cn4,将转基因植株继续培养至开花结籽。

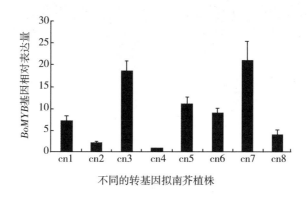

不同的转基因拟南芥植株

图 3 – 12　不同的转基因拟南芥植株体内 *BoMYB* 基因的表达水平

3.3.2.4　转基因植株形态学观察及花青素苷含量测定

观察表达量低(cn4)、中(cn6 和 cn1)和高(cn7)的转基因植株和野生型植株形态特点,其中转基因植株随着表达量的不同呈现出颜色差异,而在野生型中没有发现这些变化。主要表现为整个植株呈现不同程度的紫色[图 3 – 13(a)],即 *BoMYB* 基因表达量高的株系的整个植株包括叶片、茎、根系均呈现出深紫色,*BoMYB* 基因表达量居中的株系表现为植株茎基部及根系呈现出紫色,而 *BoMYB* 基因表达量低的株系只在根系中有颜色的改变。对以上 4 株转基因植株以及野生型植株进行花青素苷含量测定,野生型拟南芥中花青素苷含量为 1.03 mg/g,转基因株系花青素苷含量从高到低依次为 cn7、cn6、cn1、cn4,其中 cn7 株系的花青素苷含量为 23.233 mg/g,是野生型拟南芥的 22 倍左右[图 3 – 13(b)]。

cn7   cn6   cn1   cn4   WT

（a）

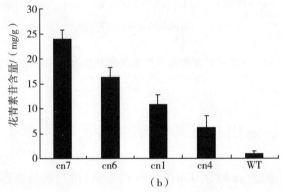

（b）

图3－13　不同的拟南芥植株的形态特征和花青素苷含量

注：cn1、cn4、cn6、cn7 为不同转基因拟南芥植株；WT 为拟南芥野生型植株。

3.3.3　羽衣甘蓝 β－胡萝卜素羟化酶基因的克隆及表达分析

3.3.3.1　*BoBCH* 基因的克隆

以羽衣甘蓝"D07"观赏期叶片 cDNA 为模板，通过 PCR 扩增后获得 *BoBCH* 基因片段，经过琼脂糖凝胶电泳检测获得的条带与预期大小相符，如

图 3 – 14 所示。对扩增结果进行测序分析,将该基因命名为 *BoBCH*(Gen-Bank 登录号为 MH016242)。

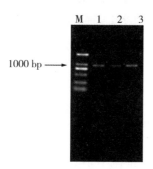

图 3 – 14　羽衣甘蓝 *BoBCH* 基因 PCR 扩增结果

注:M:DNA marker;1 ~ 3:RT – PCR 扩增产物。

3.3.3.2　*BoBCH* 基因 cDNA 序列的生物信息学分析

1. *BoBCH* 基因编码氨基酸序列分析

利用 ORF finder 在线工具翻译 *BoBCH* 的 cDNA 序列,*BoBCH* 基因编码 301 个氨基酸。利用蛋白质分析在线工具(http://web. expasy. org/prot-param/)分析 BoBCH 蛋白的物理化学性质,结果表明:BoBCH 蛋白由 20 种氨基酸组成,其中丝氨酸(Ser)含量最多,半胱氨酸(Cys)含量最少,带负电氨基酸残基 25 个,带正电氨基酸残基 37 个;分子质量约为 33.8 kD,理论等电点为 9.67;亲水性平均系数(GRAVY)为 – 0.072,说明 BoBCH 蛋白为亲水蛋白。利用 ExPasy – ProtScale 预测氨基酸的亲/疏水性,结果表明:该蛋白的最高值为 2.133,在第 140 个氨基酸处疏水性最强;最低值为 – 3.044,在第 170 个氨基酸处亲水性最强。同时,从整条多肽链的氨基酸预测值来看,亲水性氨基酸残基所占比例高于疏水性氨基酸残基,由此推断,BoBCH 蛋白是一种亲水性蛋白,与基因编码氨基酸序列的分析结果一致。利用 NCBI 在线工具 CDD 分析 BoBCH 氨基酸保守蛋白结构域,结果表明 BoBCH 属于

FA_hydroxylase蛋白超家族（图3－15）。

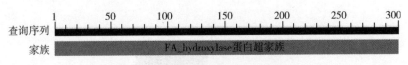

图3－15　BoBCH 的保守结构域预测

2. BoBCH 蛋白的信号肽、跨膜结构及亚细胞定位预测

运用在线工具 Signal P4.1 server 进行信号肽分析预测，结果显示，C 值、S 值、Y 值均小于阈值0.45，推测 BoBCH 蛋白无信号肽结构，属于非分泌蛋白。蛋白跨膜结构预测分析显示（图3－16）：BoBCH 蛋白在 93～115、130～152、183～200 和 204～226 处有 4 个跨膜结构域。亚细胞定位分析结果显示，BoBCH 可能定位于叶绿体中。

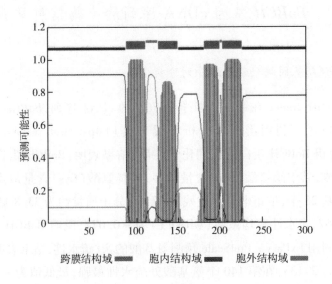

图3－16　BoBCH 蛋白跨膜结构域预测

3. BoBCH 蛋白序列的进化分析

为了预测 *BoBCH* 基因的功能，从 NCBI 中查找到其他植物的 BCH 同源蛋白序列，采用 MEGA 6.0 邻接法与羽衣甘蓝 BCH 蛋白序列对比并构建无根系统进化树(图 3 – 17)。羽衣甘蓝与结球甘蓝、甘蓝型油菜、拟南芥等 10个高等植物的 BCH 序列比对显示，这 11 个植物 BCH 氨基酸序列被聚为两大类。羽衣甘蓝与结球甘蓝处于同一分支，其亲缘关系最近，其序列一致性高达 99%；与醉蝶花、萝卜、大白菜等物种的 BCH 蛋白在进化上亲缘关系较远。

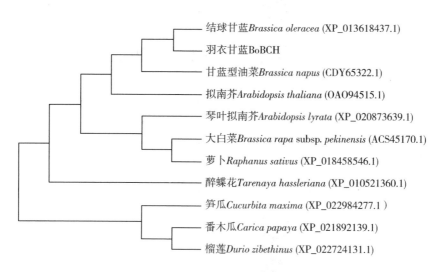

结球甘蓝*Brassica oleracea* (XP_013618437.1)

羽衣甘蓝BoBCH

甘蓝型油菜*Brassica napus* (CDY65322.1)

拟南芥*Arabidopsis thaliana* (OAO94515.1)

琴叶拟南芥*Arabidopsis lyrata* (XP_020873639.1)

大白菜*Brassica rapa* subsp. *pekinensis* (ACS45170.1)

萝卜*Raphanus sativus* (XP_018458546.1)

醉蝶花*Tarenaya hassleriana* (XP_010521360.1)

笋瓜*Cucurbita maxima* (XP_022984277.1)

番木瓜*Carica papaya* (XP_021892139.1)

榴莲*Durio zibethinus* (XP_022724131.1)

图 3 – 17　羽衣甘蓝 *BoBCH* 与其他植物 BCH 蛋白的系统进化树

4. 基因特异性表达分析

为了研究 *BoBCH* 基因在羽衣甘蓝不同组织中的表达情况，对不同组织提取的 RNA 进行了实时荧光定量 qRT – PCR 分析。结果表明，观赏期 *BoBCH* 基因在不同器官中均有表达，但表达具有组织特异性，其在叶片中表达量最高，显著高于其他器官；其次是茎；而在根中表达量最少，与其他组织表达差异极显著(图 3 – 18)。另外，*BoBCH* 基因在"D07"幼苗期、莲座期和观赏期 3 个时期的叶片中的表达量也存在显著差异,观赏期表达量最高,莲座期和幼苗期表达量差异不显著,观赏期 *BoBCH* 的表达量约为其他两个时期表达量的 10 倍(图 3－19)。

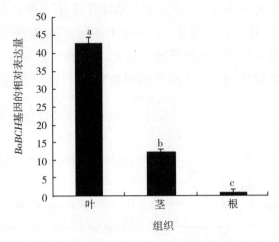

图 3－18　"D07"不同组织中 *BoBCH* 基因的相对表达量

注:不同字母代表不同组织表达量差异显著($P < 0.01$)。

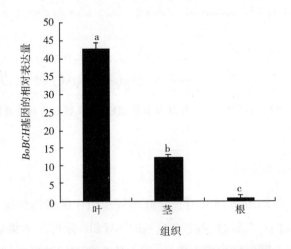

图 3－19　"D07"不同组织中 *BoBCH* 基因的相对表达量

注:不同字母代表不同组织表达量差异显著($P < 0.01$)。

3.3.4 *BoDFR* 基因的克隆及表达分析

3.3.4.1 羽衣甘蓝心叶花青素苷含量的测定

紫色、粉色及白色心叶羽衣甘蓝花青素苷含量的测定结果显示,紫色羽衣甘蓝(W09)心叶花青素苷含量最高,为 0.598 mg/g;粉色羽衣甘蓝(W03)心叶花青素苷含量中等,为 0.364 mg/g;白色羽衣甘蓝(W10)心叶中未检测到花青素苷,如图 3–20 所示。结果显示,不同叶色羽衣甘蓝花青素苷含量的变化与叶色由深到浅的变化趋势一致。

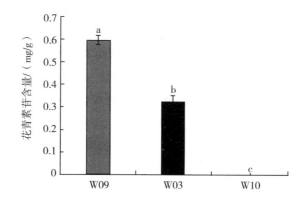

图 3–20 不同试材心叶花青素苷含量

注:不同字母表示差异显著($P < 0.01$)。

3.3.4.2 羽衣甘蓝 *DFR* 基因 cDNA 全长克隆及序列 分析

以羽衣甘蓝叶片 cDNA 为模板,扩增出一段约 1000 bp 的片段(图 3–21)。将该片段连接 pEASY 载体,转化大肠杆菌后,经测序获得该片段的完整序列,命名为 *BoDFR*。

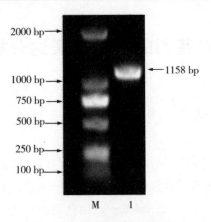

图 3 - 21 *BoDFR* 扩增结果

注:M:DL2000;1:*BoDFR*

序列分析结果显示,紫叶羽衣甘蓝 *BoDFR* 基因编码区全长 1158 bp (图 3 - 21),编码 385 个氨基酸,其蛋白质分子量为 42925.06 D,氨基酸种类及所占比例见表 3 - 5。BoDFR 蛋白质二级结构预测结果表明,α - 螺旋占 42.60%,β - 转角占 6.23%,延伸链占 13.25%,无规则卷曲占 37.92%,如图 3 - 22 所示。对 BoDFR 蛋白的理化性质分析结果显示,BoDFR 蛋白理论等电点为 5.64,半衰期为 30 h,不稳定系数为 39.00,属于比较稳定的蛋白质,脂肪系数为 81.30,总平均疏水系数为 - 0.256;亚细胞定位为细胞质内。

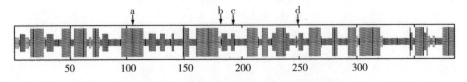

图 3 - 22 BoDFR 蛋白质二级结构预测

注:a. α - 螺旋;b. 延伸链;c. β - 转角;d. 无规则卷曲。

表 3 - 5　BoDFR 蛋白质氨基酸种类及所占比例

氨基酸	数量/个	比例/%	氨基酸	数量/个	比例/%
Ala	26	6.8	Ile	26	6.8
Arg	12	3.1	Leu	29	7.5
Asn	16	4.2	Lys	30	7.8
Asp	26	6.8	Met	14	3.6
Cys	8	2.1	Phe	16	4.2
Gln	10	2.6	Pro	16	4.2
Glu	25	6.5	Ser	29	7.5
Gly	25	6.5	Thr	25	6.5
His	10	2.6	Trp	5	1.3
Tyr	12	3.1	Val	25	6.5

3.3.4.3　羽衣甘蓝 BoDFR 基因编码蛋白质的同源性及进化分析

通过 Blast 对克隆得到的 BoDFR 基因编码的氨基酸序列进行比对分析，结果表明，羽衣甘蓝 DFR 蛋白与结球甘蓝的相似性最高，达到99.48%；与其他十字花科植物（如大白菜、甘蓝型油菜、芥菜、萝卜、拟南芥、醉蝶花）的相似性为72.42% ~98.44%；而与其他 5 种非同科作物的相似性为69.12% ~ 73.29%。对羽衣甘蓝 DFR 蛋白序列分析发现，DFR 蛋白的 N 端存在一个由 21 个氨基酸组成的 NADPH 结合结构域"VIGASGFIGSWLVMRLLERGY"

和一个由 26 个氨基酸组成的底物特异结合区"VNVEEHQKNVYDENDWS-DLDFIMSKK"(图 3 – 23),该区域决定底物的特异性且在不同植物中相对保守,因此 BoDFR 属于 NADB_Rossmann 超家族。

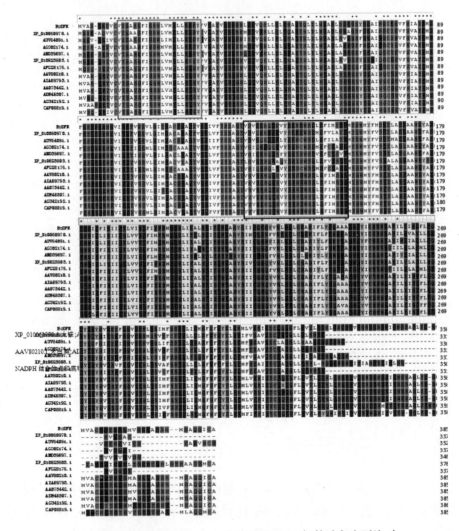

图 3 – 23 羽衣甘蓝 BoDFR 与其他植物 DFR 氨基酸多序列比对

注:XP_010060970.1:大桉;AUV64091.1:一品红;AGO02174.1:山甜菜;AMD 39597.1:李子;XP_010523603.1:醉蝶花;AFG28176.1:葡萄;AAV80210.1:大白菜;AIA59793.1:甘蓝型油菜;AA073442.1:结球甘蓝;ADB45307.1:芥菜;AGU42192.1:萝卜;CAP08819.1:拟南芥。NADPH 结合位点和底物特异性结合区分别用红色方框和黑色方框圈出。

为了分析 BoDFR 与其他 DFR 同源蛋白的系统进化关系,通过 MEGA 5 软件将 BoDFR 与其他 12 种植物 DFR 同源蛋白进行多重序列比对和系统进化分析,并构建系统进化树(图 3 – 24)。结果显示,BoDFR 蛋白与十字花科 7 个植物的 DFR 蛋白聚为一支,并且与结球甘蓝亲缘关系最近;而一品红等其他 5 种植物的 DFR 蛋白聚为另一支,说明这几种植物与羽衣甘蓝在进化关系上较远。

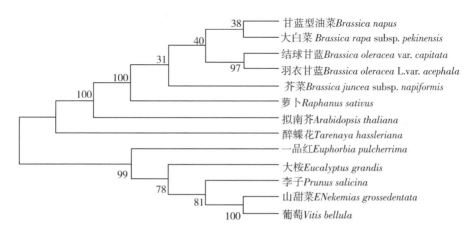

图 3 – 24 BoDFR 与其他植物 DFR 蛋白的系统进化树

3.3.4.4 *BoDFR* 基因的表达分析

为了研究 *DFR* 基因在不同叶色羽衣甘蓝中的表达情况,提取紫色、粉色、白色 3 个不同颜色心叶品系叶片的总 RNA,反转录获得 cDNA,以之为模板,利用荧光定量 PCR 检测 *BoDFR* 在不同叶色羽衣甘蓝心叶的表达模式(图 3 – 25)。结果表明,*BoDFR* 在 3 个试材心叶中均有表达,在紫色羽衣甘蓝(W09)心叶中相对表达量最高,为 18.524;随着心叶颜色变浅,在粉色羽衣甘蓝(W03)芯叶中相对表达量降低,为 9.287,大约为紫叶羽衣甘蓝表达量的一半;而 *BoDFR* 在不含有花青素苷的白叶羽衣甘蓝(W10)中仅微量表达,相对表达量为 0.019。对比图 3 – 20 中的结果表明,*BoDFR* 在心叶中的表达模式与其花青素苷含量相一致。

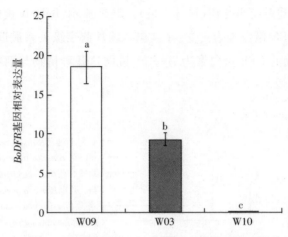

图 3－25　不同材料心叶中 *BoDFR* 基因相对表达量

注:不同字母表示差异显著($P < 0.01$)。

3.4　讨论

3.4.1　基于转录组测序的羽衣甘蓝叶色相关基因分析

由于羽衣甘蓝在低温季节的观赏优势逐渐显现及人们对其营养价值的进一步认识,其种植面积不断扩大,关于它的研究也引起了广泛关注。因羽衣甘蓝不同品种间的叶色、叶形及植株高矮等差异明显,通过分子生物学手段对其不同基因型之间的亲缘关系及差异进行研究已经成为主要研究方向之一。本研究利用转录组测序技术,对紫叶和白叶 2 种不同叶色的羽衣甘蓝纯系转录组测序获得大量数据。筛选差异表达基因并进行统计分析,结果表明,2 种材料存在 1983 个差异基因,其中 1094 个基因在紫叶材料中的表达量显著高于白叶材料,889 个基因在紫叶材料中的表达量显著低于白叶材料。这些差异表达的基因可能直接或间接影响着叶片中色素的合成。例如,在紫叶材料"D07"中类胡萝卜素裂解双加氧酶(carotenoid cleavage dioxygenase, CCD)的转录水平显著高于白叶材料"D06",类胡萝卜素裂解双加氧酶可将类胡萝卜素氧化、裂解成脱辅基类胡萝卜素,植物的脱辅基类胡萝卜素主要参与色素、风味、香气的形成(由淑贞和杨洪强,2008)。这与刘晓丛等(2017)所研究的随着 *TeCCD*1 表达量的增加,类胡萝卜素降解,导致万寿菊颜色变浅的结果相反。但同时也证明类胡萝卜素裂解双加氧酶的差异表达确实与植物叶色和花色的形成密切相关,但具体机理有待于我们进一步去研究、验证。

　　GO 数据库中注释成功的基因分别属于生物过程、分子功能及细胞组分 3 大类下的 64 个功能小类。1752 个差异基因富集较为显著的有细胞过程、新陈代谢过程、细胞、细胞成分、整合及催化活性等,这与前人在紫背天葵(张少平等,2018)、栅藻(黄琼叶等,2018)转录组注释的结果相似,说明羽衣甘蓝叶色的形成与相关基因参与的生物过程和分子功能有关,主要影响叶片生长发育和相关酶催化调节的相互作用,推测这些富集显著的差异基因是不同基因型羽衣甘蓝叶色差异形成的关键基因。从 KEGG 注释结果来看,434 个差异基因富集在 171 条代谢通路中,其中类黄酮生物合成、类胡萝卜素生物合成途径中差异表达的基因可能与羽衣甘蓝的叶色有关。

　　在类黄酮生物合成代谢途径(ko00941)中黄酮醇合成酶(*FLS*)、二氢黄酮醇 4 - 还原酶(*DFR*)两个上调基因可能与羽衣甘蓝紫叶形成过程有关,Ren 等(2017)也认为 *DFR* 的插入和缺失很可能是羽衣甘蓝叶色差异的直接原因。*DFR* 可分别催化二氢山奈酚、二氢槲皮素和二氢杨梅素,生成无色天竺葵素、无色矢车菊素和无色飞燕草素,进一步形成橙色的天竺葵素、砖红色的矢车菊素和蓝紫的飞燕草素。当催化底物不同时,植物呈现出不同的颜色,如矮牵牛中的 *DFR* 可催化二氢槲皮素和二氢杨梅素,使其花出现蓝色,而不能催化二氢山奈酚,因此矮牵牛不能产生砖红色的花(Johnson 等,1999)。羽衣甘蓝不乏粉色、红色、玫红色、紫红色、紫色的品种,这可能与羽衣甘蓝 *DFR* 基因可以催化 3 种底物有关。类胡萝卜素生物合成途径中 β - 环羟化酶表达量上调,使玉米黄质和玉米次黄质含量增加。有研究报道水稻 CytP450 基因 *CYP97A4* 编码一个类胡萝卜素β-环羟化酶,敲除该基因降低了叶黄素含量,增加了α-胡萝卜素含量(Lv 等,2012)。但β-环羟化酶基因的表达上调与羽衣甘蓝叶色之间的内在联系还有待进一步验证分析。

3.4.2 羽衣甘蓝花青素苷相关 *MYB* 基因克隆及在拟南芥中转化

转录因子又称反式作用因子,是能够与真核基因的顺式作用元件发生特异性的相互作用,并对转录有激活或者抑制作用的结合蛋白。研究表明,植物花青素苷合成的关键基因大多呈协同表达模式,可能是由一个或多个转录因子基因家族调控这些结构基因的协同表达。随着人们对花青素苷生物合成途径的了解逐渐加深,调控生物合成途径中结构基因表达的转录基因逐渐成为研究的重点。研究证明 MYB 类转录因子是参与花青素苷生物合成的关键转录因子之一(Allan 等,2008)。

根据 MYB 蛋白所含有的相对保守结构域不完全重复子用字母表示的个数,可以将其分为含有单一结构域的 R1/2MYB、含有 2 个重复 MYB 结构域的 R2R3MYB 和含有 3 个重复结构域的 R1R2R3MYB。MYB 转录因子的调控活性与花青素苷的生物合成紧密相关。葡萄 VvMyB5b 转录因子能够增强 *ANS*、*CHI* 和 *LAR* 基因启动子的表达活性,同时诱导黄酮和花青素苷合成相关结构基因的表达(Deluc 等,2008);将金鱼草 *Rosea*1 和 *Delila* 基因同时转化番茄(*Lycopersicon esculentum*),转基因番茄果皮中积累大量的花青素苷,果实变为紫色,并稳定遗传给后代(Butelli 等,2008);百合中 LhMYB12 及 LhMYB6 转录因子分别调控花被着色及花斑的形成,其时空表达水平直接影响花被中花青素苷的时空积累特征(Yamagishi 等,2010);越橘中 Vm-MYB2 参与花青素苷的代谢调控,并且它的作用直接或间接受 *MADSBox* 基因调控(Jaakola 等,2010);PyMYBa 参与红皮梨花青素苷生物合成途径基因的表达(孙莎莎等,2015);从茄子中也已成功分离获得正向调控花青素苷合成的 *SmMYB* 基因(Shao 等,2013)。

除正向调控花青素苷合成的 MYB 转录因子外,植物中还存在抑制花青素苷合成的一些 MYB 转录因子。如拟南芥 MYBL2 转录因子,它抑制花青素苷合成关键基因的表达,当它的活性缺失时,花青素苷合成关键基因表达水平上调,花青素苷含量显著上升(Dubos 等,2008);从桑树中获得 2 个在果实发育过程中持续下调的 *MYB* 基因(*MnMYBJ* 和 *MnMYB4*),与花青素苷在桑葚中的积累呈负相关关系(李军等,2016);草莓的 *FaMYB1* 在花青素苷合成中也起抑制作用(Aharoni 等,2001);拟南芥 *AtMYB4* 基因是花青素苷合成的抑制因子;拟南芥 ICX1 是 *CHS* 表达和花青素苷积累的负调节因子(Wade 等,2003);红叶卷心菜中 *BoMYB3* 抑制花青素苷合成(Yuan 等,2009);在矮牵牛花瓣中超表达 *PhMYB27* 能显著降低花瓣花青素苷的含量,而在叶片和茎秆中使 *PhMYB27* 沉默,可导致叶片及茎秆积累大量的花青素苷(Albert 等,2014)。

　　羽衣甘蓝颜色多种多样,粉色、红色和紫色品系中的色素主要由花青素苷引起。为了解紫叶羽衣甘蓝中花青素苷合成机理,我们对羽衣甘蓝 MYB 转录因子进行研究。从紫色羽衣甘蓝中克隆了 1 个 R2R3MYB 蛋白基因(*BoMYB*),*BoMYB* 在植物组织中表达具有特异性,在紫色的茎和叶中均大量表达,而在根中微量表达,因此我们推测 *BoMYB* 的表达是羽衣甘蓝花青素苷合成的一个必要条件。拟南芥作为模式生物,相对羽衣甘蓝来说,研究得较为透彻,为了进一步验证其功能,在拟南芥中异位表达 *BoMYB* 基因,结果表明 *BoMYB* 基因过表达后能改变转基因植株的颜色,且基因表达量高的株系(L4)的花青素苷积累量提高了数十倍,转基因拟南芥植株能够正常收获种子,育性良好,因此我们推测 *BoMYB* 基因作为 MYB 家族转录因子,能够激活花青素苷生物合成途径中某些关键酶基因的表达,从而启动花青素苷的合成和积累。*BoMYB* 基因的克隆及转基因功能验证为羽衣甘蓝花青素苷生物合成相关研究奠定了基础,也为通过分子育种技术改变植物颜色,培育彩色新品种提供了技术支持。

3.4.3 羽衣甘蓝 β - 胡萝卜素羟化酶基因的 克隆及表达分析

本研究利用同源克隆技术从羽衣甘蓝"D07"中克隆得到 *BoBCH* 基因的全长 cDNA 序列。通过序列分析发现，*BoBCH* 与结球甘蓝、甘蓝型油菜、拟南芥、琴叶拟南芥等多种植物的 BCH 氨基酸序列相似性达 76% 以上，它们均属于 FA_hydroxylase 蛋白超家族，表明该结构域在分析进化过程中稳定性较好，在类胡萝卜素合成及抵抗非生物胁迫中发挥类似的作用（Davision 等，2002；Jiang 等，2014）。氨基酸序列同源性分析表明，BoBCH 蛋白与结球甘蓝蛋白在同一分支，进化关系最近，因此推测它们应该具有相类似的功能，可能与类胡萝卜素合成有关。跨膜结构预测和亚细胞定位预测显示，BoBCH 蛋白含有脂肪酸羟化酶超家族保守区域（BoBCH 保守区域分别为 93 ~ 115、130 ~ 152、183 ~ 200 和 204 ~ 226 处残基），可能定位于叶绿体中。这与目前已报道的其他物种中 β - 胡萝卜素羟化酶定位于叶绿体类囊体膜上的结论一致（冯唐锴等，2007）。推测该类酶经由叶绿体导肽从细胞质运输到叶绿体类囊体膜上。这些生物信息分析对于将来研究 BoBCH 蛋白相关功能均具有指导意义。

研究发现，羽衣甘蓝 β - 胡萝卜素羟化酶基因 *BoBCH* 在根、茎、叶中均能表达，但不同组织器官中存在显著性差异，*BoBCH* 在叶片中的表达量最高，其次是茎，根中表达量最低。在不同发育阶段的叶片中全部表达，在幼苗期与莲座期，*BoBCH* 基因表达量均较低，并且无显著差异，然而到了观赏期，*BoBCH* 表达量是幼苗期与莲座期的 10 倍之多，表明在观赏期时叶片中 *BoBCH* 基因积累较多，并发挥其催化作用。究其原因，*BoBCH* 的活性与叶片中类胡萝卜素含量密切相关（Yan 等，2010）。这说明本研究克隆得到的 *BoBCH* 基因可能在羽衣甘蓝叶片中的类胡萝卜素合成途径中发挥重要作用。

本研究克隆获得羽衣甘蓝 *BoBCH* 基因的 cDNA 序列，并对该基因在不同组织及不同发育时期的表达模式进行了分析，推测 *BoBCH* 基因在羽衣甘蓝类胡萝卜素代谢调控中起重要作用。在后续研究中，将会从该基因的瞬时表达、转基因验证等方面着手进行 *BoBCH* 基因功能的研究,并对该基因与类胡萝卜素生物合成途径中相关关键酶基因之间的互作关系进行深入研究,进而全面解析羽衣甘蓝类胡萝卜素合成代谢调控的分子机制。

3.4.4　羽衣甘蓝 *DFR* 基因的克隆及表达分析

花青素苷合成是类黄酮合成途径中的一个分支。二氢黄酮醇 4 - 还原酶(DFR)是花青素苷合成下游途径中的第一个关键酶,它在还原型辅酶Ⅱ(NADPH)的参与下,可选择性地催化 3 种二氢黄酮醇(DHK、DHQ 和 DHM)形成相应的无色天竺葵素(leucopelargonidin)、无色矢车菊素(leucocyanidin)和无色飞燕草素(leucodelphinidin)(于婷婷等,2018)。与此同时,FLS 与DFR 竞争催化 3 种二氢黄酮醇(DHK、DHQ 和 DHM)分别形成堪非醇(kaempferol)、槲皮素(quercetin) 和杨梅素(myricetin)。研究表明,不同物种的 DFR 对二氢黄酮醇底物的催化具有偏爱性,因此最终植物呈现出不同的颜色(张波等,2015)。非洲菊(*Gerbera hybrida*) DFR 能够催化 DHM、DHK和 DHQ 3 种底物,其舌片颜色从淡红色至紫红色均有(吴少华等,2002);而矮牵牛的 DFR 能催化 DHQ 和 DHM,却不能有效还原 DHK,导致花瓣中积累矢车菊素苷和飞燕草素苷,却几乎不积累橙色的天竺葵素苷(Johnson 等,2001)。

底物特异结合区内的氨基酸排列顺序决定了 DFR 对不同底物结合的特异性,在不同物种中这个氨基酸的序列是高度保守的。大多数物种在 DFR第 134 位是天冬酰胺(N) 或天冬氨酸(D),在第 145 位大多是谷氨酸(E)(樊云芳等,2011)。Johnson 等(2001)发现将非洲菊 GhDFR 底物特异区的第 134 位天冬酰胺(N)替换为非极性亮氨酸(L)可以改变 DFR 底物特异性,这表明底物特异选择结构域内的单个氨基酸的改变就能改变 DFR 底物特异性。矮牵牛的 DFR(PhDFR)不能催化 DHK 生成天竺葵素就是因为在底物特异选择结构域的第 134 位是天冬氨酸(D),而其他很多植物 DFR 第 134位是天冬酰胺(N)(Johnson 等,2001);而蒺藜苜蓿在相应的第 134 位是天冬氨酸(D)的 MtDFR 2,其虽能转化 DHK,但转化效率较第 134 位是天冬酰胺(N)的 MtDFR 1 低(Xie 等,2004)。因此,相应位置氨基酸直接决定 DFR 是否能够转化 DHK 及转化效率的高低。本研究显示,羽衣甘蓝的 DFR(BoD-FR)蛋白第 133 位氨基酸(对应于非洲菊 DFR 第 134 位氨基酸)是天冬酰胺(N),我们在前期研究中利用 HPLC – MS 对叶片中花青素苷成分进行分析,仅检测到飞燕草素和矢车菊素,未检测到天竺葵素(结果待发表)。将两者相结合推测羽衣甘蓝 DFR(BoDFR)分别转换 DHQ 和 DHM 为无色矢车菊素和无色飞燕草素,是否能以 DHK 为底物生成无色天竺葵素尚不能确定,但与草莓的第 133 位氨基酸是天冬酰胺(N)的 DFR2 情况类似(Miosic 等,2014)。进一步鉴定羽衣甘蓝 DFR(BoDFR)催化底物的特异性及 DFR 的功能,必须通过对大肠杆菌或酵母中表达的 *DFR* 基因产物进行功能分析,尤其是在过量表达 *DFR* 基因的转基因植物中进行功能分析。

在 Lee 等(2008)的研究中也发现,*DFR* 的高表达能够促进烟草花瓣中花青素苷的积累,改变烟草花的颜色。本研究表明 *BoDFR* 基因表达水平与叶片中花青素苷含量高低一致,可以推断 *DFR* 基因与花青素苷含量有直接联系。另外,不同物种的 *DFR* 基因在不同生长时期、不同部位的表达量也不同。早期,在矮牵牛中分离的 3 种 *DFR* 基因(*DFR A*、*DFR B* 和 *DFR C*)中,只有 *DFR A* 基因在花中转录表达,在胚珠和茎中却只有微量表达(Beld 等,1989);而葡萄风信子 *MaDFR2a* 和 *MaDFR2b* 2 个基因均在未着色的花蕾时期开始表达,随着花色加深,在完全着色的花中表达量最高,此后逐渐降低,而在根、茎和叶中微量表达(焦淑珍等,2014)。因此,克隆 *DFR* 基因,研究其表达特性,进行遗传转化,对于改变羽衣甘蓝叶色具有重要的意义。接下来将利用基因工程手段提高 *DFR* 表达水平,以及通过 RNAi 及病毒干扰技术干扰花青素苷合成途径下游基因,实现人工调控花青素苷的合成与积累,为培育羽衣甘蓝新品种奠定一定的理论基础。

3.5　结论

3.5.1　基于转录组测序的羽衣甘蓝叶色相关基因分析

本研究采用 Illumina HiSeq 2500 高通量测序技术,对基因型纯合的紫叶和白叶羽衣甘蓝叶片进行转录组测序,筛选差异基因并与 GO 和 KEGG 数据库比对进行注释分析,分析与羽衣甘蓝叶色形成相关的基因。结果显示,获得高质量短读序共 104608770 条,筛选出紫叶相对白叶的差异表达基因 1983 个,其中上调表达基因 1094 个,下调表达基因 899 个。根据 GO 功能分类,可将这些差异表达基因分为生物过程、细胞组分和分子功能 3 大类 64 个功能组。根据 KEGG 代谢通路分析可以将其分为 171 类,在叶色相关的类黄酮生物合成途径中黄酮醇合成酶(FLS)、二氢黄酮醇 4 – 还原酶(DFR)上调以及类胡萝卜素生物合成途径中的类胡萝卜素 β – 环化酶上调与紫叶的形成关系密切。

3.5.2　羽衣甘蓝花青素苷相关 MYB 基因克隆及在拟南芥中转化

本研究以紫叶羽衣甘蓝"D07"为试验材料,通过同源克隆法测定了 $BoMYB$ 的完整编码序列。生物信息学分析表明,$BoMYB$ 编码区的 cDNA 序列长度为 753 bp,编码了一个分子量为 28.5 kD,等电点为 9.08 的 250 个氨基酸蛋白。BoMYB 蛋白被预测含有 2 个 MYB 保守区,并定位在细胞核内。系统进化树表明,甘蓝中 $BoMYB$ 编码的氨基酸序列与甘蓝中 MYB 蛋白序列关系最为密切。利用实时定量聚合酶链反应对"D07"不同组织中 $BoMYB$ 的表达模式进行了评价,结果表明 $BoMYB$ 在甘蓝根、茎、内叶和外叶中均有表达。

然而,表达水平是组织特异性的,并且与每个组织中的花青素苷含量相关。为了证实 *BoMYB* 对花青素苷合成和积累的影响,我们对拟南芥进行了异位表达。形态学观察表明,*BoMYB* 的过度表达增加了转基因拟南芥花青素苷的积累。因此,*BoMYB* 可能是一个编码 MYB 转录因子的基因,该转录因子对羽衣甘蓝花青素苷的合成具有正向调节作用。

3.5.3　羽衣甘蓝 β‑胡萝卜素羟化酶基因的克隆及表达分析

以羽衣甘蓝为试验材料,采用同源克隆和 RT‑PCR 技术,克隆得到羽衣甘蓝 β‑胡萝卜素羟化酶的 cDNA 全长,命名为 *BoBCH*(GenBank 登录号为 MH016242)。序列分析表明,该 cDNA 序列长 906 bp,编码 301 个氨基酸,分子量为 33.8 kD,理论等电点为 9.67,保守结构域分析 BoBCH 属于 FA_hydroxylase 蛋白超家族。系统发育分析结果表明,羽衣甘蓝与结球甘蓝处于同一分支,其亲缘关系最近。利用 TMHMM 和 Wolf‑Psort 进行跨膜区分析及亚细胞定位,结果表明 BoBCH 蛋白有 4 个跨膜区域,可能定位于叶绿体中。qRT‑PCR 检测结果表明, *BoBCH* 在羽衣甘蓝"D07"根、茎、叶中均有表达,在叶片中表达量最高,茎次之,根中表达量最低; *BoBCH* 在不同时期的叶片表达量存在显著差异,在观赏期高水平表达,在幼苗期和莲座期表达水平较低。

3.5.4　羽衣甘蓝 *DFR* 基因的克隆及表达分析

为揭示羽衣甘蓝二氢黄酮醇 4‑还原酶(*DFR*)基因调控花青素苷合成的功能,对不同叶色羽衣甘蓝的叶片花青素苷含量进行测定,根据结球甘蓝 DFR 序列信息,利用 RT‑PCR 技术克隆羽衣甘蓝 *BoDFR* 基因并进行实时荧光定量表达分析。结果表明: *BoDFR* 的 cDNA 全长为 1158 bp,编码 385 个氨基酸,其蛋白质分子量为 42925.06 D,预测亚细胞定位为细胞质内;蛋白质二级结构分析表明 α‑螺旋和无规则卷曲为 DFR 蛋白的主要二级结构元件。序列比对显示 DFR 蛋白具有 NADPH 结合位点和底物结合位点,属于 NADB_Rossmann 超基因家族。系统进化分析表明, *BoDFR* 与结球甘蓝 (*Brassica oleracea* var. *capitata*) *DFR* 亲缘关系最近。花青素苷含量测定显示, 紫叶羽衣甘蓝叶片中花青素苷含量最高, 粉叶羽衣甘蓝花青素苷含量较高, 而白叶羽衣甘蓝叶片中检测不到花青素苷。实时荧光定量 PCR 分析表明, *BoDFR* 表达量与花青素苷含量高低一致, 紫叶羽衣甘蓝叶片中表达量最高, 而白叶羽衣甘蓝仅心叶中有微量表达。

参考文献

[1] Xie D Y, Jackson L A, Cdoper J D, et al. Molecular and biochemical analysis of two cDNA clones encoding dihydroflavonol － 4 － reductase from *Medicago truncatula* [J]. Plant Physiology, 2004, 134(3): 979 － 994.

[2] Aharoni A, Ric De Vos C H, Wein M, et al. The strawberry FaMYB1 transcription factor suppresses anthocyanin and flavonol accumulation in transgenic tobacco[J]. The Plant Journal, 2001, 28(3): 319 － 332.

[3] Albert N W, Davies K M, Lewis D H, et al. A conserved network of transcriptional activators and repressors regulates anthocyanin pigmentation in eudicots [J]. The Plant Cell, 2014,26: 962 － 980.

[4] Allan A C, Hellens R P, Laing W A. MYB transcription factors that colour our fruit [J]. Trends in Plant Science, 2008, 13(3): 99 － 102.

[5] Baudry A, Heim M A, Dubreucq B, et al. TT2, TT8, and TTG1 synergistically specify the expression of BANYULS and proanthocyanidin biosynthesis in Arabidopsis thaliana [J]. Plant Journal, 2005, 39(3): 66 － 380.

[6] Beld M, Martin C, Huits H, et al. Flavonoid synthesis in *Petunia hybrida*: Partial characterization of dihydroflavonol － 4 － reductase genes [J]. Plant Molecular Biology, 1989, 13(5): 491 － 502.

[7] Bouvier F, Keeler Y, Harlingue A D , et al. Xanthophyll biosynthesis: Molecular and functional characterization of carotenoid hydroxylases from pepper

fruits (*Capsicum annuum* L.) [J]. Biochimica ET Biophysica Acta, 1998, 1391 (3):320 – 328.

[8] Butelli E, Titta L, Giorgio M, et al. Enrichment of tomato fruit with health – promoting anthocyanins by expression of select transcription factors [J]. Nature Biotechnology, 2008, 26 (11): 1301 – 1308.

[9] Chang L, Chen J J, Xiao Y M, et al. De novo characterization of Lycoris sprengeri transcriptome using Illumina GA II [J]. African Journal of Biotechnology, 2011, 10 (57): 12147 – 12155.

[10] Conn S, Curtin C, Bezuer A, et al. Purification, molecular cloning, and characterization of glutathione S – transferases (GSTs) from pigmented Vitis vinifera L. cell suspension cultures as putative anthocyanin transport proteins [J]. Journal of Experimentl Botany, 2008, 59(13): 3621 – 3634.

[11] Davision P A, Hunter C N, Horton P. Overexpression of beta – carotene hydroxylase enhances stress tolerance in *Arabidopsis* [J]. Nature, 2002, 418(6894): 203 – 206.

[12] Deluc L, Barrieu F, Marchive C, et al. Characterization of a grapevine R2R3 – MYB transcription factor that regulates the phenylpropanoid pathway [J]. Plant Physiology, 2006, 140(2): 499 – 511.

[13] Deluc L, Bogs J, Walker A R, et al. The transcription factor VvMYB5b contributes to the regulation of anthocyanin and proanthocyanidin biosynthesis in developing grape berries [J]. Plant Physiology, 2008, 147 (4): 2041 – 2053.

[14] Dubos C, Stracke R, Grotewold E, et al. MYB transcription factors in *Arabidopsis* [J]. Trends in Plant Science, 2010, 15(10): 573 – 581.

[15] Dubos C, Le Gourrierec J, Baudry A, et al. MYBL2 is a new regulator of flavonoid biosynthesis in *Arabidopsis thaliana* [J]. The Plant Journal, 2008, 55 (6): 940 – 953.

[16] Espley R V, Hekkens R P, Putterill J, et al. Red colouration in apple fruit is due to the activity of the MYB transcription factor, MdMYB10 [J]. The Plant Journal, 2007, 49: 414 – 427.

[17] FAN Y F, CHEN X J, LI Y L, et al. Cloning and sequence analysis of di-hydroflavonol 4 – reductase gene from Lycium barbarum [J]. Acta Botanica Boreali – Occidentalia Sinica, 2011, 31(12): 2373 – 2379.

[18] Feller A, Machemer K, Braun E L, et al. Evolutionary and comparative analysis of MYB and bHLH plant transcription factors [J]. Plant Journal, 2011, 66(1): 94 – 116.

[19] Flachowsky H, Halbwirth H, Treutter D, et al. Silencing of flavanone – 3 – hydroxylase in apple (Malus × domestica Borkh.) leads to accumulation of flavanones, but not to reduced fire blight susceptibility [J]. Plant Physiology and Biochemistry, 2012, 51: 18 – 25.

[20] Frank H A, Cogdell R J. Carotenoids in photosynthesis [J]. Photochemisty and Photobiology, 1996, 63(3): 257 – 264.

[21] Goodman C D, Casati P, Walbot V. A multidrug resistance – associated protein involved in anthocyanin transport in Zea mays [J]. The Plant Cell, 2004, 16(7): 1812 – 1826.

[22] Heim M A, Jakoby M, Werber M, et al. The basic helix – loop – helix transcription factor family in plants: A genome – wide study of protein structure and functional diversity [J]. Molecular Biology & Evolution, 2003, 20: 735 – 747.

[23] Hichri I, Heppel S C, Pillet J, et al. The basic helix – loop – helix transcription factor MYC1 is involved in the regulation of the flavonoid biosynthesis pathway in grapevine [J]. Molecular Plant, 2010, 3(3): 509 – 523.

[24] Jaakola L, Poole M, Jones M O. A SQUAMOSA MADS box gene involved in the regulation of anthocyanin accumulation in bilberry fruits [J]. Plant Physiology, 2010, 153(4): 1619 – 1629.

[25] Jiang W, Jing J, Gang W, et al. Cloning and characterization of a novel β – carotene hydroxylase gene from Lycium barbarum and its expression in Escherichia coli [J]. Biotechnology and Applied Biochemistry, 2014, 61(6): 637 – 645.

[26] Jin H, Cominelli E, Bailey P, et al. Transcriptional repression by AtMYB4 controls production of UV – protecting sunscreens in *Arabidopsis* [J]. The EMBO Journal, 2000, 19(22): 6150 –6161.

[27] Johnson E T, Ryu S, Yi H, et al. Alteration of a single amino acid changes the substrate specificity of dihydroflavonol 4 – reductase [J]. The Plant Journal, 2001, 25(3): 325 –333.

[28] Johnson E T, Yi H, Shin B, et al. Cymbidium hybrida dihydroflavonol 4 – reductase does not efficiently reduce dihydrokaempferol to produce orange pelargonidin – type anthocyanins [J]. The Plant Journal, 1999, 19(1): 81 –85.

[29] Kato M, Ikoma Y, Matsumoto H, et al. Accumulation of carotenoids and expression of carotenoid biosynthetic genes during maturation in citrus fruit [J]. Plant Physiology, 2004, 134(2): 824 – 837.

[30] Lee W S, You J A, Chung H, et al. Molecular cloning and biochemical a-nalysis of dihydroflavonol 4 – reductase (DFR) from *Brassica rapa* ssp. *pe-kinesis* (Chinese cabbage) using a heterologous system [J]. Journal of Plant Biology, 2008, 51(1): 42 –47.

[31] Liu X P, Zhang B, Wu J, et al. Pigment variation and transcriptional re-sponse of the pigment synthesis pathway in the S2309 triple – color orna-mental kale (*Brassica oleracea* L. var. *acephala*) line [J]. Genomics, 2020, 112(3): 2658 –2665.

[32] Lv M Z, Chao D Y, Shan J X, et al. Rice carotenoid β – ring hydroxylase CYP97A4 is involved in lutein biosynthesis[J]. Plant and Cell Physiology, 2012, 53(6): 987 –1002.

[33] Miosic S, Thill J, Milosevic M, et al. Dihydroflavonol 4 – reductase genes encode enzymes with contrasting substrate specificity and show divergent gene expression profiles in fragaria species [J]. PLOS ONE, 2014, 9 (11): 1 –9.

[34] Nguyen C T, Lim S, Lee J G, et al. VcBBX, VcMYB21, and VcR2R3MYB transcription factors are involved in UV – B – induced anthocyanin biosynthe-

sis in the peel of harvested blueberry fruit [J]. Journal of Agricultural and Food Chemistry, 2017, 65(10): 2066 – 2073.

[35] Peguero – Pina J J, Gil – Pelegtinil E, Morales F. Three pools of zeaxanthin in Quercus coccifera leaves during light transitions with different roles in rapidly reversible photoprotective energy dissipation and photoprotection [J]. Journal of Experimental Botany, 2013, 64(6): 1649 – 1661.

[36] Pogson B J, Rissle H M. Genetic manipulation of carotenoid biosynthesis and photoprotection [J]. Philosophical Transactions of the Royal Society of London. Series B, Biological Science, 2000, 355(1402): 1395 – 1403.

[37] Ramsay N A, Glover B J. MYB – bHLH – WD40 protein complex and the evolution of cellular diversity [J]. Trends in Plant Science, 2005, 10(2): 63 – 70.

[38] Ren J, Fu W, Du J T. Identification of a candidate gene for Re, the factor determining the red leaf phenotype in ornamental kale using fine mapping and transcriptome analysis [J]. Plant Breeding, 2017, 136 (5): 738 – 748.

[39] Sasaki N, Nishizaki Y, Uchida Y, et al. Identification of the glutathione S – transferase gene responsible for flower color intensity in carnations [J]. Plant Biotechnology, 2012, 29(3): 223 – 227.

[40] Shahin A, Kaauwen M V, Esslink D, et al. Generation and analysis of expressed sequence tags in the extreme large genomes Lilium and Tulipa [J]. BMC Genomics, 2012, 13:640.

[41] Stommel J R, Lightbourn G J, Winkel B S, et al. Transcription factor families regulate the anthocyanin biosynthetic pathway in Capsicum annuum[J]. Journal of the American Society for Horticultural Science, 2009, 134(2): 244 – 251.

[42] Tanaka Y, Ohmiya A. Seeing is believing: Engineering anthocyanin and carotenoid biosynthetic pathways [J]. Current Opinion in Biotechnology, 2008, 19(2): 190 – 197.

[43] Tian L, Magallanes – Lundback M, Musetti V, et al. Functional analysis of

beta – and epsilon – ring carotenoid hydroxylases in *Arabidopsis* [J]. The Plant Cell, 2003, 15(6): 1320 – 1332.

[44] Wang Y S, Tong Y, Li Y F, et al. High frequency plant regeneration from microspore – derived embryos of ornamental kale (*Brassica oleracea* L. var. *acephala*) [J]. Scientia Horticulturae, 2011, 130(1): 296 – 302.

[45] Winkel – Shirley B. Flavonoid biosynthesis. A colorful model for genetics, biochemistry, cell biology and biotechnology [J]. Plant Physiology, 2001, 126(2): 485 – 493.

[46] Xie D Y, Jackdon L A, Cooper J D, et al. Molecular and biochemical a- nalysis of two cDNA clones encoding dihydroflavonol – 4 – reductase from Medicago truncatula [J]. Plant Physiology, 2004, 134(3): 979 – 994.

[47] Xie D Y, Shashi S B, Wright E, et al. Metabolic engineering of proantho- cyanidins through co – expression of anthocyanidin reductase and the PAP1 MYB transcription factor [J]. The Plant Journal, 2006, 45 (6): 895 – 907.

[48] Xie L L, Li F, Zhang S F, et al. Mining for candidate genes in an intro- gression line by using RNA sequencing: The anthocyanin overaccumulation phenotype in *Brassica* [J]. Frontiers in Plant Science, 2016, 7: 1245.

[49] Xu L, Yang P, Yuan S, et al. Transcriptome analysis identifies key candi- date genes mediating purple ovary coloration in Asiatic hybrid lilies [J]. In- ternational Journal of Molecular Sciences, 2016, 17(11): 1881 – 1888.

[50] Yamagishi M, Shimoyamada Y, Nakatsuka T, et al. Two R2R3 – MYB Genes, homologs of petunia AN2, regulate anthocyanin biosyntheses in flower tepals, tepal spots and leaves of Asiatic hybrid lily [J]. Plant and Cell Physiology, 2010, 51(3): 463 – 474.

[51] Yan J, Kandianis C B, Harjes C E, et al. Rare genetic variation at *Zea mayscrtRB*1 increases beta – carotene in maize grain [J]. Nature Genetics, 2010, 42(4): 322 – 327.

[52] Yuan Y, Chiu L W, Li L. Transcriptional regulation of anthosyanin biosyn- thesis in red cabbage[J]. Planta, 2009, 230(6): 1141 – 1153.

[53]Zhang B, Hu Z, Zhang Y, et al. A putative functional MYB transcription factor induced by low temperature regulates anthocyanin biosynthesis in purple kale (*Brassica Oleracea* var. *acephala* f. *tricolor*)[J]. Plant Cell Reports, 2012, 31(2):281 –289.

[54]Zhao J, Huhman D, Shadle G, et al. MATE2 mediates vacuolar sequestration of flavonoid glycosides and glycoside malonates in Medicago truncatula[J]. The Plant Cell, 2011, 23(4): 1536 –1555.

[55]樊云芳,陈晓军,李彦龙,等. 宁夏枸杞 *DFR* 基因的克隆与序列分析[J]. 西北植物学报,2011,31(12):2373 –2379.

[56]冯唐锴,李思光,罗玉萍,等. 植物 β – 胡萝卜素羟化酶研究进展[J]. 生物技术通报,2007(1):54 –58.

[57]冯唐锴,李思光,汪艳璐,等. 南丰蜜橘 β – 胡萝卜素羟化酶基因的克隆和序列分析[J]. 西北植物学报,2007,27(2):238 –243.

[58]郭宁,高怀杰,韩硕,等. 观赏羽衣甘蓝 SSR 标记分型与亲缘关系研究[J]. 植物遗传资源学报,2017,18(2):349 –357.

[59]洪艳. 菊花花青素苷依光合成的分子机制[D]. 北京:北京林业大学,2016.

[60]黄琼叶,王昭凯,胡凡,等. 栅藻全转录组测序与类胡萝卜素合成途径相关基因分析[J]. 应用海洋学学报,2018,37(1):68 –76.

[61]姜鑫. 大白菜黄化突变体 lcm4 生理特性分析及突变基因定位[D]. 沈阳:沈阳农业大学,2019.

[62]焦芳婵,曾建敏,吴兴富,等. 烟草 β – 胡萝卜素羟化酶基因的特征分析[J]. 分子植物育种,2015,13(8):1831 –1837.

[63]焦淑珍,刘雅莉,娄倩,等. 葡萄风信子二氢黄酮醇 4 – 还原酶基因(*DFR*)的克隆与表达分析[J]. 农业生物技术学报,2014,22(5):529 –540.

[64]金雪花. 基于高通量测序的瓜叶菊花青素苷合成途径研究[D]. 北京:北京林业大学,2013.

[65]靳进朴,郭安源,何坤,等. 植物转录因子分类、预测和数据库构建[J]. 生物技术通报,2015,31(11):68 –77.

[66] 李军,赵爱春,刘长英,等. 桑树花青素合成相关 MYB 类转录因子的鉴定与功能分析[J]. 西北植物学报,2016,36(6):1110-1116.

[67] 林艺华,吴小斌,郑涛,等. 不同花色印度野牡丹转录组功能注释和分析[J]. 分子植物育种,2017,15(6):2133-2138.

[68] 刘晓丛,曾丽,刘国锋,等. 万寿菊类胡萝卜素裂解双加氧酶基因 *CCD*1 克隆与表达分析[J]. 中国农业科学,2017,50(10):1930-1940.

[69] 牛姗姗. MYB 对杨梅果实花青素苷合成的调控及其机制[D]. 杭州:浙江大学,2011.

[70] 石文芳. 基于 RNA-Seq 测序的梅花转录组分析[D]. 北京:北京林业大学,2012.

[71] 孙彬妹. 茶树 MYB 转录因子 CsAN1 调控花青素的作用机制研究[D]. 广州:华南农业大学,2016.

[72] 孙莎莎,王楠,冀晓昊,等. 红皮梨花青苷调控基因 *PyMYBa* 的克隆与表达分析[J]. 园艺学报,2014,41(6):1183-1190.

[73] 王炜,郑伟,徐晓丹,等. 基于转录组测序的滇山茶花叶呈色机理分析[J]. 西北植物学报,2017,37(9):1720-1727.

[74] 王雅琼,郑伟尉,臧运祥,等. 不同品种羽衣甘蓝生长期色素含量变化规律研究[J]. 中国农学通报,2013,29(10):154-161.

[75] 吴疆. 枸杞 β-胡萝卜素羟化酶基因及其启动子的克隆和研究[D]. 天津:天津大学,2015.

[76] 吴少华,张大生. 花青素生成相关基因 *dfr* 研究进展[J]. 福建林学院学报,2002,22(2):189-192.

[77] 徐熙,任明见,李鲁华,等. 贵紫麦 1 号籽粒色素形成相关基因的差异表达[J]. 中国农业科学,2018,51(2):203-216.

[78] 杨楠,赵凯歌,陈龙清. 蜡梅花转录组数据分析及次生代谢产物合成途径研究[J]. 北京林业大学学报,2012,34(S1):104-107.

[79] 由淑贞,杨洪强. 类胡萝卜素裂解双加氧酶及其生理功能[J]. 西北植物学报,2008,28(3):630-637.

[80] 于婷婷,倪秀珍,高立宏,等. 高等植物二氢黄酮醇 4-还原酶基因研究进展[J]. 植物研究,2018,38(4):632-640.

[81]张彬,尹美强,温银元,等. 羽衣甘蓝花青素合成途径结构基因的表达特性[J]. 山西农业科学,2014,42(4):313-316.

[82]张波,赵志常,高爱平,等. 芒果二氢黄酮醇4-还原酶(*DFR*)基因的克隆及其表达分析[J]. 分子植物育种,2015,13(4):816-821.

[83]张少平,洪建基,邱珊莲,等. 紫背天葵高通量转录组测序分析[J]. 园艺学报,2016,43(5):935-946.

[84]张少平,张少华,邱珊莲,等. 基于转录组测序的紫背天葵花青素相关基因分析[J]. 核农学报,2018,32(4):639-645.

[85]赵文恩,李艳杰,崔艳红,等. 类胡萝卜素生物合成途径及其控制与遗传操作[J]. 西北植物学报,2004,24(5):930-942.

[86]赵秀枢,李名扬,张文玲,等. 观赏羽衣甘蓝高频再生体系的建立[J]. 基因组学与应用生物学,2009,28(1):141-148.

[87]祝朋芳,张健,房霞,等. 25份羽衣甘蓝材料的亲缘关系与遗传多样性分析[J]. 西北农林科技大学学报(自然科学版),2012,40(5):123-128,135.